成功法则

受益一生的

鬼谷子智慧

宋犀堃 编著

扫码收听全套图书

扫码点目录听本书

四川人民出版社

图书在版编目(CIP)数据

受益一生的鬼谷子智慧 / 宋犀堃编著. —成都 : 四川人民出版社, 2020.4(2023.8 重印)

(成功法则)

ISBN 978-7-220-11828-9

Ⅰ. ①受… Ⅱ. ①宋… Ⅲ. ①纵横家②《鬼谷子》-通俗读物 Ⅳ. ①B228-49

中国版本图书馆 CIP 数据核字(2020)第 055146 号

SHOUYI YISHENG DE GUIGUZI ZHIHUI

受益一生的鬼谷子智慧

宋犀堃/编著

责任编辑	段瑞清
技术设计	松 雪
封面设计	松 雪
责任印制	周 奇
出版发行	四川人民出版社(成都市三色路 238 号)
网 址	http://www.scpph.com
E-mail	scrmcbs@sina.com
新浪微博	@四川人民出版社
微信公众号	四川人民出版社
发行部业务电话	(028)86361653 86361656
防盗版举报电话	(028)86361661
印 刷	三河市宏顺兴印刷有限公司
成品尺寸	143mm×208mm
印 张	5
字 数	116 千
版 次	2020 年 4 月第 1 版
印 次	2023 年 8 月第 13 次
书 号	ISBN 978-7-220-11828-9
定 价	150.00 元(全五册)

前言

在风起云涌、征战不休的春秋战国时期，诸子百家众说纷纭，士人谋臣各为其主，纷纷寻求机会登上政治舞台。他们积极推销自己的主张、策略，将中国古代的政治、军事、外交、经济智慧发挥到了极致。也正是在这样一个时代背景下，诞生了被称为“纵横家的鼻祖”的鬼谷子以及他享有“旷世奇书”之称的《鬼谷子》。

《鬼谷子》是一部由鬼谷子讲授，经后人补充、修改而成的集纵横家、兵家、道家、阴阳家等思想于一体的政治、军事、外交理论著作。从其主要内容来看，是针对谈判游说活动而言的，但由于其中涉及大量谋略问题，与军事问题触类旁通，也被称为兵书。

《鬼谷子》共有十四篇，其中《转丸篇》《胠乱篇》两篇现已失传，存世的仅有十二篇。书中以《捭阖篇》开篇，以纵横捭阖之术为总起；接着通过《反应篇》《内揵篇》《抵巇篇》《飞钳篇》《忤合篇》五篇，多角度、多层次地阐明了纵横家的政治态度和辩证法思想，并且详尽阐述了游说人主所必备的言谈技巧；再用《揣篇》《摩篇》《权篇》《谋篇》四篇，从思维方式到行为手段，引导人们依据彼时彼地的具体条件设法靠拢和接近目的；最后用《决篇》讲决断，用《符言篇》丰富和深化上述内容。

本书再现了《鬼谷子》中的经典原文，对其中深奥艰涩的文字进行了注释和通俗翻译，让大家能够领略一代谋略大师的高深智慧。与此同时，本书还从现实出发，对《鬼谷子》进行了深入浅出的智慧评析，并佐之以古代的谋略典故，帮助大家活学活用《鬼谷子》的智慧精华和谋略精髓。

当今世界，充满了激烈、复杂的竞争。一条妙计，可以赢得一场战争；一个点子，可以振兴一家企业；一计良策，可以成就一番事业；一番“心机”，可以化险为夷、反败为胜。由此来看，倚重智谋，用心、斗智、出奇、弄巧是现代竞争不得不用的手段，这样才能在现实生活中纵横捭阖，游刃有余。

德国史学家、社会政治学家施宾格勒曾高度评价鬼谷子的智谋，并强调它在当今社会中的借鉴意义，他的观点受到了基辛格这位被称为当代纵横家的美国前国务卿的高度称赞；日本学者大桥武夫运用《鬼谷子》的谋略思想，结合个人工作经验，阐述了鬼谷子智谋在现代竞争中的应用价值。今天，《鬼谷子》越来越受到人们的重视，它正在被广泛应用于商业竞争、企业管理、产品推销、广告宣传、招揽人才、言谈辩论等方方面面的各种活动。

2020 年 2 月

扫码点目录听本书

目录

捭阖篇

扫码收听全套图书

扫码点目录听本书

扫码点目录听本书

捭阖篇

“捭阖”是《鬼谷子》的开篇。在本篇中，鬼谷子洋洋洒洒，反复铺陈，证明“捭阖之术”是世间万物的根本道理，也是解决一切矛盾的钥匙。“捭”意为开启，“阖”意为闭藏。在鬼谷子的思想体系中，“捭阖”是一对极为重要的哲学概念，既是万事万物发展变化的规律，也是纵横家游说活动的根本方法。通过游说中的应对、较量最后达到“乃可以纵，乃可以横”，而无敌于天下。这些靠游说、靠言辞平天下的人被称为“纵横家”。鬼谷子先生主张谋之于阴，成之于阳，也就是说在暗中、在不知不觉中已经以实力战胜了对手。

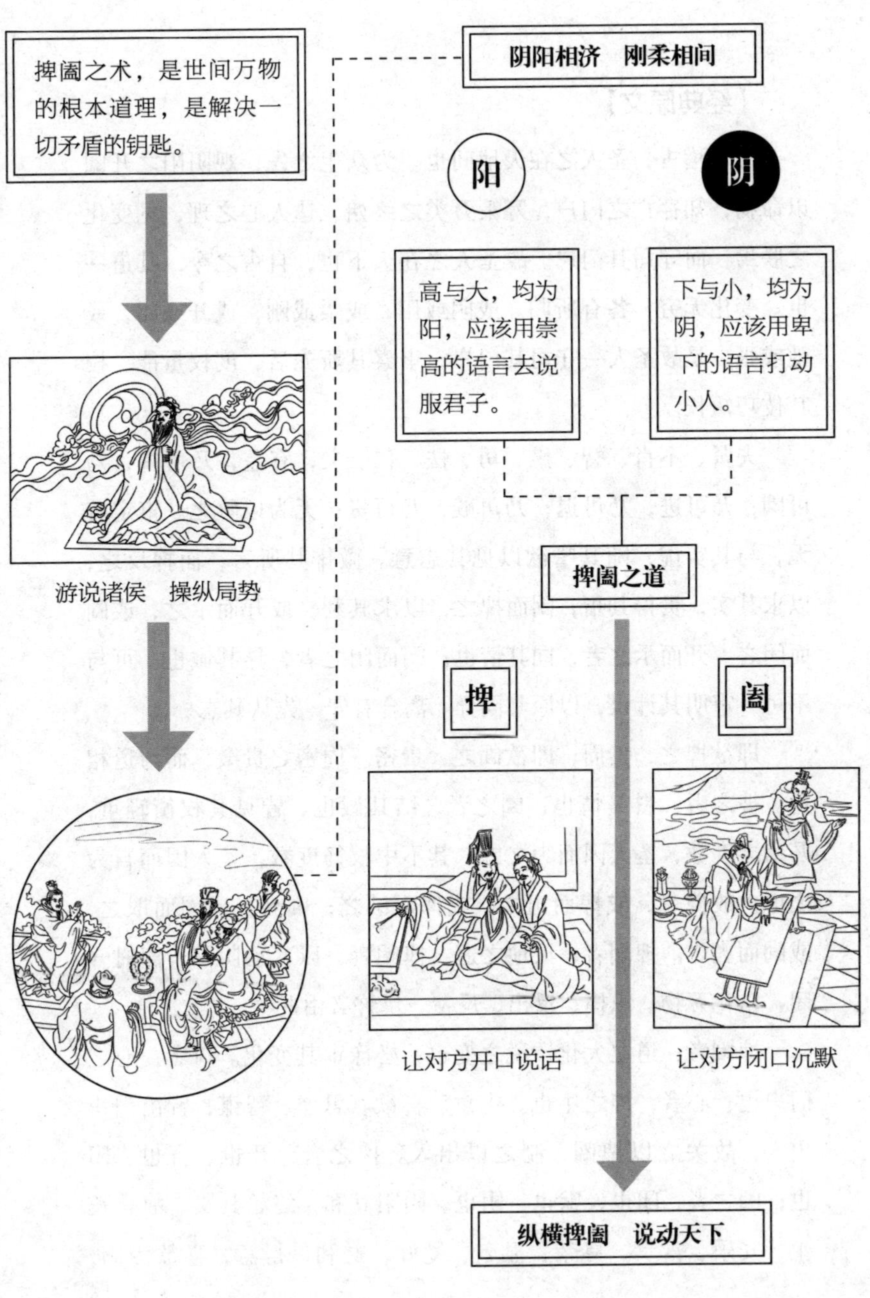
捭阖之术，是世间万物的根本道理，是解决一切矛盾的钥匙。
游说诸侯　操纵局势
阴阳相济　刚柔相间
阳
阴
高与大，均为阳，应该用崇高的语言去说服君子。
下与小，均为阴，应该用卑下的语言打动小人。
捭阖之道
捭
阖
让对方开口说话
让对方闭口沉默
纵横捭阖　说动天下

【经典原文】

粤若稽古，圣人之在天地间也。为众生之先，观阴阳之开阖以命物，知存亡之门户，筹策万类之终始，达人心之理，见变化之朕焉，而守司其门户。故圣人之在天下也，自古之今，其道一也。变化无穷，各有所归。或阴或阳，或柔或刚，或开或闭，或弛或张。是故圣人一守司其门户，审察其所先后，度权量能，校其伎巧短长。

夫贤、不肖、智、愚、勇、怯、仁、义，有差，乃可捭，乃可阖；乃可进，乃可退；乃可贱，乃可贵：无为以牧之。审定有无，与其实虚，随其嗜欲以见其志意。微排其所言，而捭反之，以求其实，贵得其指，阖而捭之，以求其利。或开而示之，或阖而闭之。开而示之者，同其情也；阖而闭之者，异其诚也。可与不可，审明其计谋，以原其同异。离合有守，先从其志。

即欲捭之，贵周；即欲阖之，贵密。周密之贵微，而与道相追。捭之者，料其情也；阖之者，结其诚也。皆见其权衡轻重，乃为之度数，圣人因而为之虑。其不中权衡度数，圣人因而自为之虑。故捭者，或捭而出之，或捭而纳之；阖者，或阖而取之，或阖而去之。捭阖者，天地之道。捭阖者，以变动阴阳，四时开闭，以化万物。纵横、反出、反覆、反忤必由此矣。

捭阖者，道之大化，说之变也；必豫审其变化。口者，心之门户也；心者，神之主也。志意、喜欲、思虑、智谋，皆由门户出入，故关之以捭阖，制之以出入。捭之者，开也、言也、阳也；阖之者，闭也，默也、阴也。阴阳其和，终始其义。故言长生、安乐、富贵、尊荣、显名、爱好、财利、得意、喜欲为阳，曰“始”。故言死亡，忧患、贫贱、苦辱、弃损、亡利、失意、有害、刑戮、诛罚为阴，曰“终”。诸言法阳之类者，皆曰“始”，言善以始其事；诸言法阴之类者，皆曰“终”，言恶以终其谋。

捭阖之道，以阴阳试之。故与阳言者，依崇高；与阴言者，依卑小。以下求小，以高求大。由此言之，无所不出，无所不入，无所不可。可以说人，可以说家，可以说国，可以说天下。为小无内，为大无外。益损、去就、倍反，皆以阴阳御其事。阳动而行，阴止而藏；阳动而出，阴随而入。

阳还终始，阴极反阳。以阳动者，德相生也；以阴静者，形相成也。以阳求阴，苞以德也；以阴结阳，施以力也；阴阳相求，由捭阖也。此天地阴阳之道，而说人之法也，为万事之先，是谓“圆方之门户”。

【通俗译文】

纵观从古至今的历史，可以知道，圣人生活在世界上，就是要成为众人的先导。通过观察阴阳的开合变化来对事物做出判断，并进一步了解事物生存和死亡的途径，计算和预测事物的发展过程，通晓人们思想变化的规律，揭示事物变化的征兆，从而把握事物发展变化的关键所在。所以，圣人在世界上始终是奉守大自然阴阳之道的变化规律，并以此驾驭万物的。然而事物是变化无穷的，各有不同的归宿。有的阴，有的阳；有的柔，有的刚；有的开放，有的闭合；有的松弛，有的紧张。因此，圣人专一地掌握住关键，周密地考察事物的先后顺序，衡量人们的权谋和才能的优劣，比较技艺的短长。

贤能和不贤，聪明和愚蠢，勇敢和怯弱，慈爱与坚持原则，是有差别的，应该区别对待。有的要放手使用，有的要拒绝不用；有的提拔，有的斥退；有的可以轻贱，有的可以推崇。要顺应自然之道对待他们。如果要重用某人时，便要周详地判断他有没有才能，为人是真诚还是虚假，根据他的嗜好来发现他的志向、思想。再试探性地驳斥他的言论，让他反复阐明自己的见解，从而探寻对方的真实情况，注重于了解他的志向主张。如果对方闭口不说，要想办法使他开口，以了解他追求什么利益。然后，或者开口向对方展示自己的想法，或者表示沉默，以进一步试探对方。向对方展示自己的想法，用赞同的办法使双方思想相合；向对方表示沉默，用反对的办法来试探对方的诚意。对方赞同或者不赞同，一定要审察清楚他的计谋，考察双方意见同异的根源。意见背离或者相合，有一个根本点要守住，即首先抓住对方的思想。

如果想开启发动，以周详为贵，不可草率；如果想闭合不动，以隐秘为贵，不可泄露。周详和隐秘的可贵，在于它们的微妙，并与自然之道相合。开启发动，是为了探测对方的虚实真假；闭合不动，是为了争取对方的真诚合作。首先全部了解他对事物重要与否的判断，再确定处理标准，并对他的意见进行思考谋划。如果对方的意见不符合要求，就要针对情况自己另行考虑。所以说，开启发动之后，对适合的计谋要付诸实施，对不适合的计谋要收藏不用；闭合观察之后，了解到对方有诚意便争取他，了解到对方无诚意便离开他。总之，开启和闭合是与自然之道相符合的办法。天地通过开启和闭合，使阴阳二气发生变化，使四季交替运行，万物孕育生长。游说中的纵横变化，对道理的反复阐述，都必定通过开启与闭合的途径。

开启与闭合，是自然之道的最重要的变化，也是游说之辞的主要变化。一定要预先周详地研究开合变化的方法。口是心的门户，心是精神的主宰。人们的志向、欲望、思想、智谋等，都通过口这座门户说出来。所以，要用开启和闭合的变化来控制思想的表达。所谓“捭”，便是开启，便是说话，便是阳；所谓“阖”，便是闭合，便是沉默，便是阴。说话要阴阳协调，始终适宜。讲长生、安乐、富贵、尊荣、扬名、宠爱、财利、得意，这便是“阳”，这便叫“始”；讲死亡、忧患、贫贱、困苦、受辱、抛弃、失利、失意、有害、受刑、被罚，这便是“阴”，这便叫“终”。各种言论属于阳一类的，都叫作始，它从正面宣传利益好处，从而使事情有一个好的开端；各种言论属于阴一类的，都叫作终，它从反面宣传危害坏处，从而结束不适当的谋略。

开启和闭合的方法，要从阴阳两个方面试探。跟性情阳刚、积极进取的人说话，内容要高远积极；跟性情阴柔、消极退守的人说话，内容要微小切近。用低下的言论来适应志向微小的人，用高昂的言论来适应志向远大的人。根据这个办法游说，没有什么地方不能出入，没有什么对象不能说服。可以游说普通人，可以游说大夫，可以游说诸侯各国，可以游说天下。从小的方面入手，可以是小得不能再小；从大的方面着眼，可以是大得不能再大。增加或减少，离开或接近，背离或返回，都用阴阳开合之道来控制。阳，活动前进；阴，静止隐藏。阳，活动外出；阴，隐藏入内。

阳反复运动，转化为阴；阴发展到极点，转化为阳。凭阳气活动的人，要用道德相互促进感化；凭阴气静止的人，要用可见的行动相互帮助成功。从阳的方面去追求阴，要用德行去包容对方；从阴的方面去接近阳，要尽力气去办事。阴阳相互追求，相互结合，必须通过开启与闭合的途径。这便是天地间的阴阳之道，也是游说别人的方法。它是办好万事的先决条件，也是方正、圆融等各种手段变化的途径。

【谋略精要】

1. 观阴阳之开阖，知存亡之门户

在鬼谷子看来，圣人之所以为圣人，最根本的就是要“守司其门户”。用现代话来说，就是顺应时代发展的潮流，遵循天下兴亡之道。

按照中国人的传统思维，一说起“兴亡之道”，往往要从夏、商、周这“老三代”中去寻找。这是什么缘故呢？一个合理的解释是，在商代夏、周代商的过程中，后世所倚重的谋略尚未取得足以决定胜负的地位。不仅如此，儒、道、法、阴阳等诸子百家的思想也通通不存在，人们的社会政治思想还是混沌一片。在这样一个时代里，“兴亡之道”就显得很纯粹，纯粹到可用简单的“天命”来概括。无论是君还是民，都十分相信“天命”的说法，认为它决定着天下兴亡。即便是夏桀和商纣这样的暴君，也都自诩天命所归。

商汤征伐夏桀之前，曾做了一篇“汤誓”，以鼓舞军队的士气。这篇短文后来收录在《尚书》一书中。在文中，商汤说：“来吧！你们各位，都来听我说。不是我敢于贸然进攻夏朝！实在是因为夏王犯下大罪，上天命令我去讨伐他。现在你们大家会说：‘我们的国君不体贴我们，不让我们种庄稼，却去攻打夏王？’这样的话我早就听过，实在是因为夏王犯下大罪，上天命令我去讨伐他。夏王剥削他的人民，大家都说：‘这个太阳什么时候才能落下？我们宁可和你一起灭亡。’夏桀的德行败坏到这种程度，现在我一定要去讨伐他。”

果然，商汤打败了人民恨不得与其同归于尽的夏桀，建立了商朝。商朝末年，王位落到了纣王的手中，政治黑暗，民不聊生，而西边的周族逐渐兴起，在周文王的领导下，实力已足以与商相抗衡。然而，深通易理的文王没有贸然兴兵东进，而是对内施以仁政，对外剪除商纣王的帮凶，同时扩大自己的势力范围。武王即位后，认为伐商的准备工作尚未完成，仍然韬光养晦，耐心地等待时机。据司马迁在《史记·周本纪》中所说，武王曾率兵东进至孟津，天下诸侯纷纷响应，但武王认为商朝气数未尽，于是果断退兵。在吕尚等一班贤臣良将的辅佐之下，周族的实力得以迅速增长。与此同时，商朝统治集团内部的矛盾却呈现白热化，商纣王饰过拒谏，肆意胡为，残杀王族重臣比干，囚禁箕子，逼走微子。武王、吕尚等人遂把握这一有利战机，决定大举伐纣，经过牧野之战，一役而胜，结束了商朝的统治。

商汤伐桀开武力改朝换代之先河，武王伐纣则充分展现了韬光养晦的制敌之道，在中国古代政治、军事史上，两者都具有开创性的意义。当后世的英雄豪杰或野心家们企图推翻一个政权的时候，也都标榜自己是在行“汤武之事”。然而由于不同的动机和方式，往往产生不同的结果。

在四分五裂的五代末期，宋太祖赵匡胤稳定内部之后，立即出兵统一全国。此时的南唐后主李煜纵情诗酒，沉溺声色，疏于政务，对战争及国家大事一窍不通，轻易中了赵匡胤的反间计，杀害了自己能征善战的大将林仁肇和忠臣潘佑，以致在宋军压境之时束手无策，最后只好光着身子自缚请降。

李煜是一位精于诗词、音乐和书画的聪明皇帝，但由于不懂得“兴亡之道”，酿成了国破家亡的惨剧。纵观整个中国历史，凡不懂得“兴亡之道”，做出违背历史潮流之事的人，不管他们有多大的权势和地位，最终都不会有好下场。

近代，孙中山先生领导辛亥革命，推翻了在中国延续两千多年的封建帝制，但胜利的果实最终被袁世凯篡夺。袁世凯表面上支持革命，其实是别有用心。等他一朝大权在握，就不顾革命派的一致反对，大搞复辟帝制的活动，结果仅仅当了83天的皇帝，就在举国上下的唾骂声中被迫下台，最后抑郁而死。

从上述例子可以看出，所谓的“兴亡之道”，一是历史的大势，二是领袖的贤愚，三是民心的向背，这三点直接决定着战争以及一切事业的成败。

在现代商业领域，同样也要遵循兴亡之道。一个企业，如果能顺应时代发展的需要，立足于服务社会，坚持自己的品牌战略，并由一个卓越的领袖带领，就大有可能迈向辉煌。以电脑软件业巨头微软公司为例，该公司引领全球信息化的浪潮，倾力发展小型家用电脑，给人们的生产和生活带来了巨大便利。至于这艘商业巨轮的舵手比尔·盖茨，即便除去“前世界首富”的炫目光环，我们依然能感受到他那份难得的执着与睿智。在一次接受《金融时报》采访时，比尔·盖茨诚恳地说：“我有过颓废和虚怯。微软公司在起飞过程中遇到的困难和阻力一次比一次大，从技术难关、竞争对手的围攻到政府的指控，如果我不是最终以勇气和毅力战胜颓废和虚怯，把难关变成发展的机会，恐怕早就被市场竞争的浪潮淹没了。”

纵观古今，可知圣人通过观察阴阳两类现象的变化来对事物做出判断，并进一步了解事物生存和灭亡的途径。计算和预测事物的发展过程，通晓人们思想变化的规律，揭示事物变化的征兆，从而把握事物发展变化的关键，顺势而为，就能克敌制胜。今天的我们，若能学习古时圣人之法，并将其正确地运用于各类所做之事中，定能使自己不断走向成功。

2.或阴或阳，或柔或刚

“或阴或阳，或柔或刚，或开或闭，或弛或张”是说世间万事万物，都有阴阳、柔刚、开闭、张弛之道，如果能够灵活掌握、运用自如，便可以在人生的各个领域轻松自如、有所成就。

阴阳之理、刚柔之术、张弛之道对我们的现实人生颇具指导意义。

阴阳协调、风雨调顺、万物各得其所、万事各得其宜是一种顺其自然、合乎自然规律的理想状态。阴阳互补、协调运行，人才能健康，社会才能稳定，大自然才能和谐，做事才能顺利，做人才能安乐。

天人和谐是一种理想的状态。人生活在天地之间，如何才能体现出人在天地间的固有价值呢？如何才能求得人与天地万物的和谐相处与和谐发展呢？这是每一个人都必须思考的人生问题。阴阳之道提倡人与自然的和谐关系，人不但要利用、改造自然，更重要的是适应、协调自然，从而达到与自然环境和谐相处的目的。这是阴阳之道在人与自然关系上的意义所在。

阴阳作为权术，在敌我对垒和斗争中则是克敌制胜的智慧和法宝，但它绝不是"放诸四海而皆准"的真理，所谓"上山不怕伤人虎，只怕人情两面刀"，在生活中不管是交朋友、谈感情还是谈生意、求合作，都应该以真诚为基本前提，而不能做"阴阳双面人"甚至阳奉阴违，否则，就可能失去朋友、真情、信誉、合作和发展的机会。总之，阴阳之术只是一种应对敌人的策略和手段，用之不当，则会适得其反。

刚柔之术是一个人生存和发展的必备武器。刚，是一个人刚直不阿、坚守自我立场、把持自我原则，即为"方"，但一味地刚，则难免变成脆，脆，则易断，所以不足取；柔，就是要在不失大原则的前提下，在细枝末节和一些技巧上适时、适度地让步、弯曲，以达到双方满意、不失和气的双赢状态，即为"圆"，但一味地柔，则难免变成软，软则弱，易受人欺，所以亦不足取。在人生道路上，只有刚柔并济、外圆内方，才能顺利而快捷地达到目标，走向成功。

所谓"文武之道，一张一弛"，无论做任何事，都要张弛有度。一个懂生活、会生活的人，能够兼顾严肃和活泼，该工作的时候工作，该休息的时候休息，潇洒自如。一味地张，就会让自己绷得过紧，往往会导致自己失去弹性和张力；一味地弛，往往会让自己变得松垮、懒散，失去进取心和斗志，进而停步不前。所以，凡事有度、过犹不及。成功的时候不要得意忘形，以免乐极生悲；失败的时候不要灰心绝望、萎靡不振，只要坚持就能峰回路转、柳暗花明。人生之中，任何事情都要保持一个平衡，包括张弛有度的工作和生活。

3. 乃可捭，乃可阖

“夫贤、不肖，智、愚、勇、怯、仁、义，有差，乃可捭，乃可阖；乃可进，乃可退；乃可贱，乃可贵：无为以牧之。审定有无，与其实虚，随其嗜欲以见其志意。微排其所言，而捭反之，以求其实，贵得其指。”从这段话中可以看出，鬼谷子认为，世间之人，有贤良与不肖，有聪明与愚蠢，有勇敢者与怯懦者，有仁人君子，也有苟且小人，总之是有差别的，因而针对不同的人品的态度和方法也就彼此不同。对于贤德之人可以迎为上宾，对于不肖之人可以拒之门外；对于聪明之人可以引进重用，对于愚蠢之人可以废黜斥退；对于怯懦之人可以使其卑贱，对于勇敢之人可以使其尊贵。总之一句话，要顺应人的自然本性，遵循无为而治的原则加以控驭和掌握，可使人尽其才。鬼谷子还告诉我们：用人之道，贵在识人，利用捭阖之术让对方开启，使对方无所顾忌、侃侃而谈，使我们能够更多地掌握对方的情况，并以此来决定取舍。

鬼谷子与历代圣贤一样，都认为用人应该任人唯贤，《尚书》有云：“任官惟贤才。”孔子在回答仲弓问政时也说“举贤才”。

《吕氏春秋》和《左传》中都记载有这样一个故事：

春秋时期晋国大夫祁奚请求退职，晋悼公要他推荐一个有才能的人继任，他推荐了与他有私仇的解狐。解狐上任不久便死去，悼公又要他推荐，他又推荐了自己的儿子祁午。

孔子、韩非子等先贤以及后人都称赞祁奚是个“外举不避仇，内举不避亲”的唯才是举者。这种外不避仇、内不避亲正是任人唯贤的要求和体现。

《大学衍义补辑要》中说：“欲得良将而用之，必不以远而遗，不以贱而弃，不以仇而疏，不以罪而废。”意思是说，要想得到良将而任用他，就必须做到不因为关系不密切而遗忘他，不因为出身低贱而抛弃他，不因为有私人怨恨而疏远他，不因为其曾犯过错误而废弃他。春秋时期齐桓公任用管仲就是一个最好的例证。

春秋时期齐国国君齐襄公被杀。襄公有两个弟弟，一个叫公子纠，当时在鲁国(都城在今山东曲阜)；一个叫公子小白，当时在莒国(都城在今山东莒县)。两个人身边都有个师傅，公子纠的师傅叫管仲，公子小白的师傅叫鲍叔牙。两个公子听到齐襄公被杀的消息，都急着要回齐国争夺君位。

在公子小白回齐国的路上，管仲早就派好人马拦截他。管仲拈弓搭箭，对准公子小白射去。只见公子小白大叫一声，倒在车里。

管仲以为公子小白已经死了，就不慌不忙护送公子纠回到齐国去。怎知公子小白是诈死，等到公子纠和管仲进入齐国国境，公子小白和鲍叔牙早已抄小道抢先回到了国都临淄，公子小白当上了齐国国君，即齐桓公。

齐桓公即位以后，立即要求鲁国杀公子纠，并把管仲送回齐国治罪。管仲被关在囚车里送到齐国。鲍叔牙立即向齐桓公推荐管仲。齐桓公气愤地说：“管仲拿箭射我，要我的命，我还能用他吗？”鲍叔牙说：“那时他是公子纠的师傅，他用箭射您，正是他对公子纠的忠心。论本领，他比我强得多。主公如果要干一番大事业，管仲可是个用得着的人。”齐桓公也是个豁达、大度之人，听了鲍叔牙的话，不但没治管仲的罪，还立刻任命他为相，让他管理国政。

管仲帮着齐桓公整顿内政，开发富源，大开铁矿，多制农具，齐国变得越来越富强。后来，齐桓公终于成了春秋时期的霸主。

可以说没有管仲全面和淋漓尽致地发挥其才能，也就不会有齐国的繁荣和齐桓公的霸业。齐桓公大胆起用管仲这个“大仇人”，结果“仇人”帮他缔造了盛世江山。类似的事例历史上有很多，例如：唐太宗李世民不计前嫌任用魏徵。唐太宗说：“用人跟用器物一样，每一种东西都要选用它的长处。”唐太宗是中国古代历史上最为贤明的皇帝之一，他的很多治国之道都为后世所推崇，而在他所有治国方略当中，用人之道是最为后世所推崇和称道的。在唐太宗理政的23年时间里，所用的文臣武将不胜枚举：除了魏徵，还有尉迟敬德、房玄龄、杜如晦，等等，无不是有才之士。

由此可见，对人进行透彻的了解之后，任人唯贤、唯才是举才是真正的用人之道。在竞争激烈的今天，这条法则更是企业用人的王道，是企业用人的精髓所在。今天的竞争，归根结底是组织实力与个人能力的竞争，很多企业在用人上已经摒弃了“学历至上”的陈腐理念，而是以能力作为用人的首要标尺。

索尼（中国）有限公司是一家在国际化管理理念下成长起来的外企，既有日本文化体系中的细致、严谨，又有深受欧美文化影响的“自由豁达”，同时，也有中国传统理念当中的灵活与执着。那么，索尼的用人策略是什么呢？

和许多国际知名的成功企业一样，索尼公司选用人才的标准即是出众的聪明才智、良好的专业知识和业务背景以及认真负责、创新务实的工作态度。在招聘的环节中，索尼创始人之一的盛田昭夫先生最先提出了“学历无用论”的口号，这样的魄力在今天看来依然令人敬佩。而在企业激励机制中，打破陈规、鼓励创新、充分发挥个性与创意的企业文化使索尼几乎成了研发高手、营销精英们得以发挥无限创造力的天堂，更使很多人以“自我实现”为目标，全身心地投入工作之中。

索尼公司的做法都是基于一个简单而朴素的道理，这就是以每一位员工的能力作为企业发展的基点。能力创造业绩，能力创造效率，能力创造价值，能力创造辉煌。

反应篇

反应篇

本篇讲述一种游说之术。主要含义是：通过正面或反面的反复观察、了解、辩说，准确地掌握对方的反应，包括心理、语言等方面的反应，以便紧紧抓住对方，并准确地制定自己的基本策略。本篇说理不仅层次井然，而且形象生动，运用了多个独特的比喻，如：钓人之网、比目之鱼、响之随声、影之随光、后羿射日等。

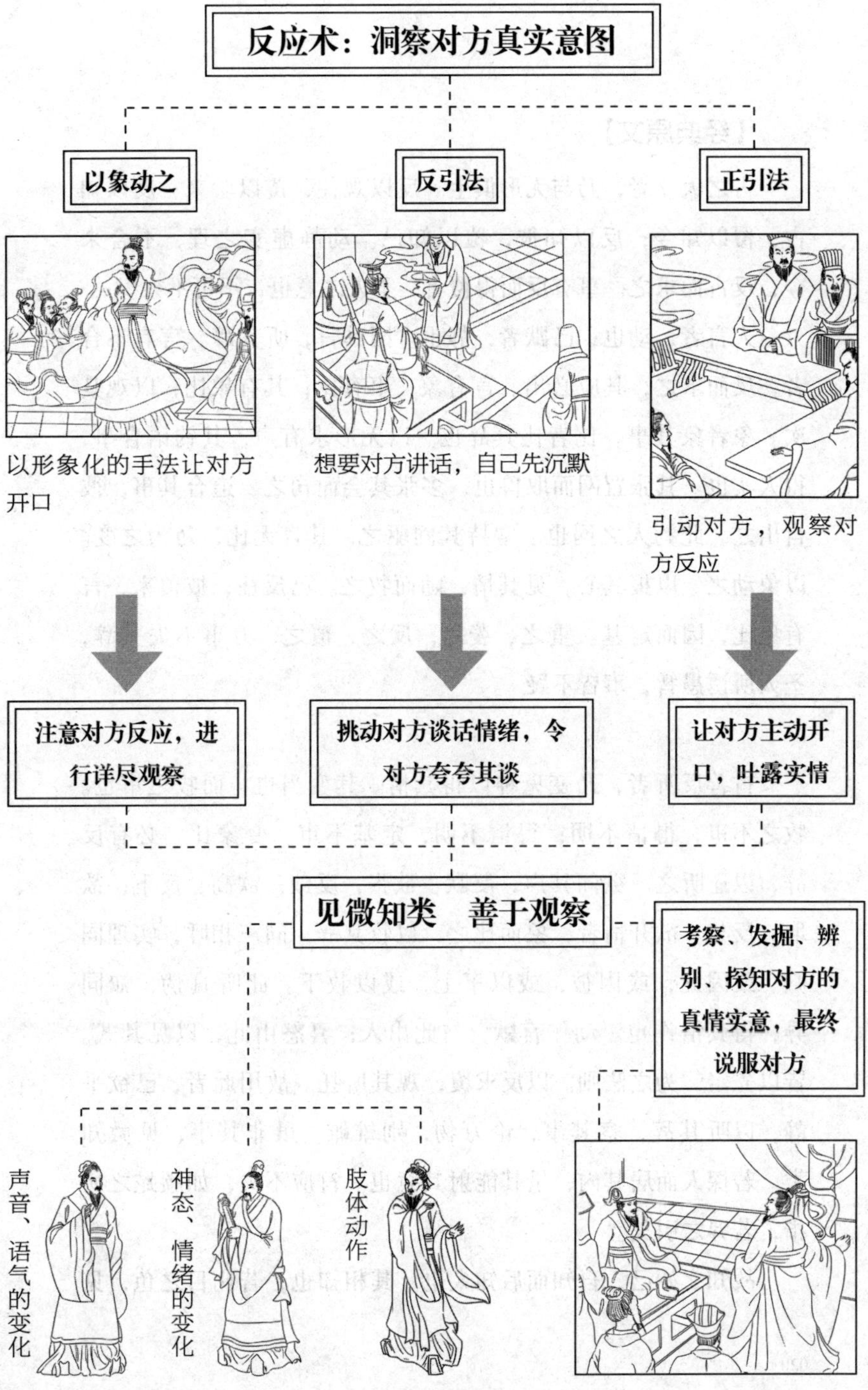

反应术：洞察对方真实意图

以象动之

以形象化的手法让对方开口

反引法

想要对方讲话，自己先沉默

正引法

引动对方，观察对方反应

注意对方反应，进行详尽观察

挑动对方谈话情绪，令对方夸夸其谈

让对方主动开口，吐露实情

见微知类　善于观察

考察、发掘、辨别、探知对方的真情实意，最终说服对方

声音、语气的变化

神态、情绪的变化

肢体动作

【经典原文】

古之大化者，乃与无形俱生。反以观往，覆以验来；反以知古，覆以知今；反以知彼，覆以知己。动静虚实之理，不合来今，反古而求之。事有反而得覆者，圣人之意也，不可不察。

人言者，动也；己默者，静也。因其言，听其辞。言有不合者，反而求之，其应必出。言有象，事有比；其有象比，以观其次。象者象其事，比者比其辞也。以无形求有声，其钓语合事，得人实也。其张罝网而取兽也，多张其会而司之。道合其事，彼自出之，此钓人之网也。常持其网驱之，其言无比，乃为之变。以象动之，以报其心，见其情，随而牧之。己反往，彼覆来，言有象比，因而定基。重之、袭之，反之、覆之，万事不失其辞，圣人所诱愚智，事皆不疑。

古善反听者，乃变鬼神以得其情。其变当也，而牧之审也。牧之不审，得情不明；得情不明，定基不审。变象比，必有反辞，以还听之。欲闻其声，反默；欲张，反敛；欲高，反下；欲取，反与。欲开情者，象而比之，以牧其辞，同声相呼，实理同归。或因此，或因彼，或以事上，或以牧下。此听真伪，知同异，得其情诈也。动作言默，与此出入；喜怒由此，以见其式。皆以先定，为之法则。以反求覆，观其所托。故用此者，己欲平静，以听其辞，察其事，论万物，别雄雌。虽非其事，见微知类。若探人而居其内，量其能射其意也。符应不失，如螣蛇之所指，若羿之引矢。

故知之始己，自知而后知人也。其相知也，若比目之鱼，见形也，若光之与影也。其察言也不失，若磁石之取针，舌之取燔骨。其与人也微，其见情也疾。如阴与阳，如阳与阴；如圆与方，如方与圆。未见形，圆以道之；既形，方以事之。进退左右，以是司之。己不先定，牧人不正，事用不巧，是谓“忘情失道”；己审先定以牧人，策而无形容，莫见其门，是谓“天神”。

【通俗译文】

古代以大道教化众生的圣人，所以能与无形共生共存，是自然物化的规律。反顾而回溯以往，再回首察验未来，既可以知古，也可以知今。既可以了解对方，又可以知道自己。依动、静、虚、实的运动原理，如果在未来及现在得不到实践，就可以反思历史去研求前人的经验。有些事要反复考察探索才能把握。这是圣人的见解，不可不认真研究。

别人说话，是动态的；自己缄默，是静态的。要根据别人说的话，听他的辞意内涵，如果对方言辞有矛盾，要反复地追问他，对方（真正）的答辞就会出现。语言有形象性，事物可用比喻。因为有形象与比喻，所以要观察藏在言辞下面的含义。一般地说，形象可以模拟事件，比喻可以比附言辞，然后以“无形”的规律来求得有声的言辞，引诱对方说出（我方）所要知道的事，从而得到与人、事相吻合的真相。这就像张开网逮野兽一样，多张一些网，汇集而来的野兽就会多些。如果把捕野兽的方法用在人事上，只要方法合宜，对方就会自己“出来”，这就是钓人的“网”。要经常拿着这个“网”追逐对方，如果从对方的言辞上不能进行比较，就要改变方法。用“形象”的手段使之感动，以体会对方的思想、情感，进而控制对方。自己返回去，对方再度来，双方言辞均有形象、类比，于是心中就有数了。反复地用言语攻击、偷袭对方，事虽万变但不失于“言辞”，用“言辞”申明大道。圣人以此诱导愚人、智者，使万事不容置疑。

古人善于从反面听别人言论，这可以刺探到实情。他们随机应变，行动很得当，对对手的控制，也很周密。如果控制不周密，得到的情况就不明了，得到的情况不明了，心里底数就不实。要把形象和类比灵活运用，就要会说反话，以便观察对方的反应。想要听别人讲话，自己就要沉默；想要敞开，就要先收敛；想要升高，就要先下降；想要获取，就要先给予。要想了解对方的内情，就要运用模仿和类比的方法，以便把握对方的言辞。同类的声音可以彼此呼应，合乎实际的道理会有共同的结果。或者由于这个原因，或者由于那个原因；或者用来侍奉君主，或者用来管理下属。这就要分辨真伪，了解异同，以分辨对手是真实情报还是诡诈骗术。活动、停止、言说、沉默都要通过这些表现出来，喜怒哀乐也都要借助这些模式，都在事先确定法则。用反向形式来得到对方的回应，以观察其寄托。所以用这种反向思维的方法，自己要平静，以便听取对方的言辞，考察事理，论说万物，辨别雄雌。虽然没有论及事情木身，但是可以根据细微的征兆，探索出同类的大事。就像刺探敌情就要深居敌境，估计敌人的能力，再摸清敌人的意图，像验合符契一样可靠，像飞龙一样神速，像后羿张弓射箭一样准确。

要想掌握情况，要先从自己开始，只有了解了自己，然后才能了解别人。了解别人，就像比目鱼一样形影相随，就像光和影子一样不走样；侦察对方的言辞，就像用磁石来吸引钢针，用舌头来剥取焦骨上的肉一样万无一失。自己暴露给对方的微乎其微，而侦察对手的行动要十分迅速。就像由阴变阳，又像由阳转阴；像圆变方，又像方转圆一样自如。在情况还未明朗以前，要用圆略来诱惑对手，在情况明朗以后就要用方略来战胜对方。无论是向前还是向后，无论是向左还是向右，都可用这个方法来控制。如果自己不事先确定策略，统率别人就没有规范。做事没有智术，叫作“忘情失道”，自己首先认真确定策略，再以此来统领众人，策略要不暴露意图，让旁人看不到其门道所在，就可以称为“天神”。

【谋略精要】

1. 反以知古，覆以知今

古人云：“以铜为镜，可以正衣冠；以人为镜，可以明得失；以史为镜，可以知兴替。”在这里，鬼谷子以一个纵横家的视角，阐明了“反以观往，覆以验来；反以知古，覆以知今；反以知彼，覆以知己”的方法论。

有一则寓言，狮子、驴子和狐狸决定共同去打猎，它们收获很丰厚。狮子要求驴子分配猎物，驴子把猎物平均分成三份，请狮子自己挑选一份。狮子恼怒了，它觉得自己得到的太少了。于是，它突然扑过去把驴子吃掉了。这回，狮子又让狐狸来分配猎物。狐狸把大部分的猎物放在一起，请狮子来拿，自己仅留下很少的一点点。狮子问狐狸，是谁教它这样分配的。狐狸回答：“是驴子的不幸。”

他人的实践经验可以成为自己的借鉴。生命有涯而知无涯，有限的生命不可能体验所有的事物。直接经验是宝贵的，但却是有限的。人的伟大之处，就在于能借助别人的思维从间接经验中获得智慧。借鉴别人成功的经验和失败的教训，是自己获得智慧的路径之一。

秦末农民起义中，刘邦领兵攻破武关以后，长驱直入，歼灭了秦朝的主要兵力。秦王子婴迫不得已，只好捧着传国玉玺，开城门投降。刘邦入咸阳城，进了秦宫，见宫室帷帐富丽堂皇，美女珍宝不计其数，顿起羡慕之意，想全部留下自己享受。武将樊哙极力劝阻，使刘邦很不高兴。谋臣张良对他说："只因秦王残暴，不得人心，您才能得到今天的胜利。我们既然为天下除去暴君，就该改变奢侈淫逸之风，提倡俭朴风气。现在您刚入秦宫，就像秦王一样享乐，岂不等于'助纣为虐'？樊哙将军的话虽然说得有一点激烈，但是他却是为了您着想，所以还是希望您能接受樊将军的建议。"刘邦认为张良的话有道理，于是撤出咸阳，把军队驻扎在灞上。张良劝说刘邦，巧妙地点出了秦朝奢侈淫逸导致灭亡的教训，使刘邦认识到了自己的错误。

"以史为镜，可以知兴替。"一般情况下，借用历史人物和事件去劝说别人，更能令对方肃然警醒，收到良好的说服效果。

"以人为镜，可以明得失。"借用自己或别人过往的经验，方能以更稳健的步子走过今天，迈向未来。"老马识途"的故事，就充分证明了这一点。

春秋时代，齐桓公亲率大军进攻山戎，将其击溃。当齐军要返回齐国时，却在深山中迷了路。当时已是冬天，白雪皑皑，山路弯曲多变，走着走着就辨不清方向了。这时，管仲说："不要紧，老马可以做我们的向导，它们认得路。"于是齐桓公立刻让人挑选了几匹老马，放开缰绳，让它们在前面随意地走，军队跟在马的后边。没多久，在几匹老马的带领下，齐军果然走出了山谷，找到了回齐国的路。

管仲知道老马识途的道理，得益于他早年的经历。年轻的时候，管仲家里很穷，经常和鲍叔牙一起做生意，两人乘骑的都是宝马。一次，两人住在一家客店，遭遇盗贼，两匹马都被偷了。两人报了官，然而等了两天，毫无音讯。到了第三天，管仲、鲍叔牙正闷坐店中，忽然听见附近有"咴、咴"的马叫声，两人出门一看，竟是被盗的马自己回来了。管仲、鲍叔牙回到家中，就把宝马失而复得的事告诉了鲍父，并问是何原因。老人见多识广，对他俩说："这有什么奇怪的，俗话说，'猫记千，狗记万，老母鸡还记二里半'，何况是宝马良驹。"

齐桓公是幸运的，因为他有了管仲。管仲也是幸运的，因为他有一段坎坷的人生经历，成为他那无穷智慧的源泉。老马识途，短短四个字便道出了经验的重要性。在实际的摸爬滚打中所学到的东西有时要比单纯从书本上学到的东西更具现实的指导意义。赵括"纸上谈兵"就是很好的例子。人们经常说"失败乃成功之母"，失败并不一定是坏事，从失败中我们能积累经验和教训，这就是失败的好处。

2. 因其言，听其辞

"因其言，听其辞。"主要讲要善于倾听，并且在听的过程中要善于诱导对方发言，通过对对方发言的反复推敲，来把握对方内心的真实情况。

鬼谷子教导我们，要耐心地倾听别人说话，如果别人话里有话，要弄清楚其中隐含的意思。同时要抓住机会提问，从对方的回答中了解真情。

有一则寓言，一只从潮湿的洼地里蹦出来的青蛙，对所有的野兽宣称：“我是一个医生，医术高明、见多识广，什么病都能治好！”野兽听了都非常高兴，只有一只狐狸疑惑地问道：“你连自己的跛足和皱皮都没有办法，怎么还说能给别人治病呢？”青蛙听后无言以对，气得呱呱直叫。

对一个聪明人来说，空话、大话是不起作用的。即使别人说得天花乱坠，我们也要保持理智，绝不可以轻信。有时，可以通过有效的诘难，了解事情的真相。

“因其言，听其辞”在今天同样具有现实的指导意义，尤其在销售和谈判方面。谈判中一定要善于倾听。因为谈判中有一半左右的时间要听对方说话。常言说：“锣鼓听声，听话听音。”会不会倾听，能不能听懂对方的话中之意、听准对方的“弦外之音”，能不能在倾听中摸准对方的“软肋”或“破绽”，从而迅速调整应对的策略，关系着整个谈判的成败。一个高明的谈判者不仅要善于用耳倾听，还要善于用嘴在不显山露水的情形下，引导对方多多地说、不停地说。

“因其言，听其辞”是说话的一个不可或缺的重要组成部分，是交谈艺术中的重要技巧。在与人沟通的过程中，尤其是以推销或说服为目的的谈话中，必须学会倾听，善于倾听。

3. 张罝网而取兽也，多张其会而司之

要用巧妙无形的方法引诱对方说话，若“钓语”合乎人情事

理，就不难从其话语中窥测内心的实情。以张网逮兽为例：若多设置一些网，并加以密切关注，就能多捕获一些野兽。这个方法用于人事上，只要方案合宜，对方自然会被你网住，这就是钓人的“网”。经常拿着这张“网”与人周旋，可使对方向你推心置腹。如果你用的比喻对方不明白，就要改变方法，用形象来打动对方，以体会其真情实感，从而加以控制。若能你一言我一语地进行交流，且双方言辞均有形象、比喻，这就有了沟通的基础。若双方言语投机，你来我往，则世间万物没有说不清楚的。无论对方是愚人还是智者，圣人都有办法诱使他说出真情。

鬼谷子提出的“钓语”，意味深远，是一种很微妙的语言艺术。所谓“钓语”，就是像钓鱼投饵一样，为了引诱对方说出真话，在发言时故意说些刺激对方的话题。“其钓语合事，得人实也。其张罝网而取兽也，多张其会而司之。道合其事，彼自出之，此钓人之网也。常持其网驱之，其言无比，乃为之变。以象动之，以报其心，见其情，随而牧之。”钓语是言谈开始时的导引性、启发性语言，以便引出对方的话头以及对方不愿外露的思想情感。用简单而富有引诱力的话语引导、开启对方，使得对方非得开口说话不可。就像拿饵钓鱼一样，把别人的真话钓出来。还要像张网捕兽一样，让别人无处躲藏，只有据实相告。熟练使用这些技巧，就不难听到真话。

春秋时期，楚成王立商臣为太子，后来又觉得不妥，想废黜太子。商臣得知这个消息，但不知是真是假。于是，商臣就去问他的老师潘崇。潘崇说：“这件事江芈想必知道，你设宴招待她，席间故意对她不敬，从中就可看出传闻的真假。”江芈是楚成王的妹妹，贵不可言，性格暴躁，人们见了她都毕恭毕敬，唯恐有半点闪失。商臣于是依计行事，请江芈赴宴。在宴会中，商臣故意以言行冒犯江芈，使她十分恼怒。在离席时，江芈向商臣骂道：“你果然是一个不争气的东西，怪不得大王要废你！”商臣听到江芈的话，证实了传闻的可靠性，便策划了一次宫廷政变，夺取了王位。

商臣抓住江芈火气大的弱点，故意出言不逊，试探出事情的真相，堪称险中求胜的一着妙棋。俗话说得好，世上没有不透风的墙。同样，世上也没有完美无缺的人。只要是人，都会有这样那样的弱点。发现人性的弱点，投以适当的钓饵，就不难达到自己的目的。

唐朝时期，女皇武则天为了巩固统治，重用了两个残忍的执法官，一个叫周兴，一个叫来俊臣。有一次，有人向武则天告发周兴谋反。武则天命令来俊臣调查这件事。来俊臣知道周兴不好对付，于是请周兴来家里喝酒。在酒席上，来俊臣叹口气说：“兄弟我平日办案，常遇到一些犯人死不认罪，不知老兄有什么办法？”周兴得意地说：“这还不好办！你找一个大瓮，四周用炭火烤热，再让犯人进到瓮里。犯人敢不招供吗？”来俊臣点头叫好，立刻命人抬来一口大瓮，在四周点上炭火，然后对周兴说：“现在有人告你谋反，请老兄自己钻进瓮里吧！”周兴知道自己中了圈套，只好老老实实招供了。

来俊臣以请周兴支招为“钓语”，套出了在周兴心目中最恐怖的刑罚，然后一句“请君入瓮”，让周兴搬起石头砸了自己的脚。

在日常生活中，让别人对你说真话，不是一件容易的事情。在法庭审讯当中，要让狡猾的犯罪嫌疑人开口说真话，更是难上加难。一些有经验的执法人员，善于通过各种有效方式取得供词，值得我们研究和借鉴。

有一次，中国银行某地分行的一位行长利欲熏心，私自将570万美元调到香港。经群众举报，上级有关部门发现这笔钱去向不明，既无贷款协议，又无买卖合同，也没有借据凭证，即对他拘留审查，以防止其逃匿或与别人串通。这位行长很聪明，且熟悉法律程序，他认为在事实没有弄清之前，就对他进行拘留审查是非法的，便向法院起诉。法官这样驳斥他："如果这笔钱装入你自己的腰包，则属于贪污；如果私自借给别人，则属于挪用公款；如果被人骗走，则属于渎职。或者是贪污，或者是挪用公款，或者是渎职，总之都构成犯罪，所以拘留审查是必要的。"这位行长一听傻了，知道自己已无路可走，只好交代了自己私自转移现金，准备携巨款外逃的犯罪事实。法院驳斥这位行长的言论，运用逻辑的三难推理，排除了他不被拘留审查的可能性，就像一张大网一样，将他紧紧圈在了"犯罪"的界限内，成功地攻破了他的心理防线，让他开口说了真话。

再举一个例子。第二次世界大战期间，法国反间谍机关收审了一位自称来自比利时北部农村的流浪汉，法国反间谍军官吉姆斯认定他是德国纳粹的间谍，可是还缺少有力的证据。审讯开始了。吉姆斯用法语提问："会数数吗？"这个问题很简单，流浪汉用法语流利地数数，没有露出一丝儿破绽，甚至在说德语的人员容易说漏嘴的地方，他也能说得极熟练。于是他被押回小屋去了。过了一会儿，有人在屋外燃起火来，哨兵用德语大声喊："着火啦！"流浪汉无动于衷，照样睡他的觉。后来，吉姆斯又找来一位农民，和流浪汉谈论种庄稼的事，他谈的居然也不外行。看来吉姆斯凭外观判断的第一印象是不能成立的。第二天，流浪汉被押进审讯室的时候，吉姆斯正在审阅一份文件，在上面签完字，抬起头突然说："好啦，你可以走了，你自由了。"流浪汉长长地松了一口气，愉快地呼吸着自由的空气。然而，他刚想转身，忽然发现吉姆斯的脸上露出了胜利者的微笑，顿时恍然大悟。原来，吉姆斯在说上面那句话时用的是德语，而他表示听懂了。这个德国纳粹间谍的真实身份也因此暴露了。

吉姆斯之前使用的一系列方法，表面上看都是失败的，其实不然。这些就像张开了一张大网，为最后的收网做好了准备。德国间谍百密一疏，最终露出了狐狸尾巴。

需要说明的是，鬼谷子用"钓人之网"这样的字眼，难免会引起后人的猜疑，以为这位"智圣"在鼓励行奸使诈的行为。其实这是一种误解。所谓的"钓人之网"，我们可以把它理解为一种交际之法。在深入了解对方心理的基础上，通过言辞或其他方式的引诱，获得对方真实的信息。在当今社会生活的许多方面，这种方法都大有用武之地。

内揵篇

内揵篇

内揵术是《鬼谷子》关于进献说辞和固守谋略的方法，主要论述了领导者与被领导者之间的关系。“内”，就是使人采取自己的计策；“揵”，就是设法坚持自己的计策，可以以情动人，以理动人。在内揵术的运用中，最关键也是最核心的是要把握清楚被说者的心理，这是一切游说技巧发挥的出发点。

出谋划策应顺应君主心意，投其所好

向君主公开言明谋略的优劣得失

游说君主前要修炼好自己的言辞说服能力

认真揣摩形势，详细思考后再进言

内揵术：进献说辞和固守谋略的方法

【经典原文】

君臣上下之事，有远而亲，近而疏；就之不用，去之反求；日进前而不御，遥闻声而相思。事皆有内揵，素结本始。或结以道德，或结以党友，或结以财货，或结以采色。用其意，欲入则入，欲出则出；欲亲则亲，欲疏则疏；欲就则就，欲去则去；欲求则求，欲思则思。若蚨母之从子也；出无间，入无朕。独往独来，莫之能止。

内者，进说辞。揵者，揵所谋也。

故远而亲者，有阴德也。近而疏者，志不合也。就而不用者，策不得也。去而反求者，事中来也。日进前而不御者，施不合也。遥闻声而相思者，合于谋待决事也。

故曰：不见其类而说之者，见逆。不得其情而说之者，见非。得其情乃制其术，此用可出可入，可揵可开。故圣人立事，以此先知而揵万物。

由夫道德仁义，礼乐计谋，先取诗书，混说损益，议论去就。欲合者用内，欲去者用外。外内者，必明道数。揣策来事，见疑决之。策无失计，立功建德，治名人产业，曰揵而内合。上暗不治，下乱不寤，揵而反之。内自得而外不留，说而飞之，若命自来，己迎而御之。若欲去之，因危与之。环转因化，莫知所为，退为大仪。

【通俗译文】

君臣上下之间的关系很微妙，两者之间，有的相距遥远却关系亲密，有的相隔很近却关系疏远。有的臣子主动投靠国君，但得不到重用；而有的臣子虽然已经离开国君了，但国君却又很想找回并重用他。有的臣子天天都能谒见国君，但没有被信任使用；而有的臣子则与国君距离遥远，但国君只是听到关于他的消息就想得到并重用他。归根结底，这些情况都是因为在君臣之间、上下之间、人与人之间相互交往时有内在的东西联系的，而这种联系是靠平时的交往积累而来。感情的联系往往来源于平时的接触，臣子结交君王，有的用高尚的道德情操来结交，有的用像交朋友的方式来结交，有的则用送给对方财物来结交，有的则用美貌的容颜来结交。臣子只要摸清了国君的意图和愿望，想进来就可以进来，想退出就可以退出；想要亲近国君就可以亲近，想要疏远国君就可以疏远；想出仕做官就可以做官，想隐退山林就可以隐退；想向国君所求就能求到，想要让国君挂念就可以让他挂念。使君臣之间的关系就像母蜘蛛与它的孩子之间的关系一样亲密，谋臣想出就出，毫无间隙让他人可钻，没有一点漏洞；想入就入，毫无征兆让他人捉摸，进退出入随心所欲，独来独往没有任何人能够阻止自己。

所谓“内”，就是臣下对君上进献说辞；所谓“揵”，就是臣下对君上呈献谋略。

所以与国君相距很远却关系亲近的臣子，是因为他们的主张能与国君心意暗合；距离国君很近却关系疏远的臣子，是因为他们的策略与国君意图不一；身在职位却没有被重用的臣子，是因为他的计策没有得到国君心理上的认可；离开职位而能再被国君召回的臣子，是因为他的主张正中了国君的心意；每天都和国君谒见的臣子，却不被信任，是因为他的施政策略与国君的想法不一致；而与国君距离遥远，但国君只是听到关于他的消息就想得到并重用他，是因为他所想的策略与国君正在计划做的事情相同。

所以说，不了解对方是哪类人、有什么想法就去游说的人，必定会事与愿违，适得其反；在不掌握对方意图的时候就去游说的人，定要受到否定。只有了解对方的真实意向和情感，再依据实际情况确定方法，这样去推行自己的主张，才可能控制对方，进退自如；既可以进谏国君，坚持己见；又可以放弃自己的主张，随机应变。因此圣人立身处世、建功立业，都是由此预先了解事物的真相，从而把握万事万物的。

向国君进辞献策，由道德、仁义、礼乐和计谋开始，首先引用《诗经》和《尚书》的教诲，再综合分析利弊得失，讨论自己策略的得失，然后考虑去留的问题。如果想要留下和国君处好关系，那么就需要了解他的意图和想法，才能用“内”主动接近国君，争取其宠信；如果想隐居离开，就用“外”，不必去探究他的真实意图和想法。无论是用外情还是内情，都必须先明确道理和方法，揣测预知未来的事情，在遇到各种疑难时就能相机决断。在运用策略时只要不失策，就能建立功业和积累德政，治理人民，使他们从事生产事业，这叫作“揵而内合”，也即君臣上下同心，臣子的计谋与国君的意向相一致了。如果国君昏庸，不理国家政务，百姓纷乱，事理不明，这就是计谋与内情不相合，臣子就算有好的谋略也不被国君所用，那么就应该隐居山林。对于那种对内自以为是、对外又不能礼贤下士的国君，说客可以奉迎他，获得他的信任后再慢慢说服他，从而达到自己的目的。如果国君征召自己，则应该主动去迎合，接受任命，为其所用，实现自己的目标。如果想归隐山林，应该趁着国家危乱的时候行事。要依据情况伺机而动，见机行事，运转自如，就像圆环旋转往复一样灵活，顺应变化，使旁人看不出你想要干什么。

【谋略精要】

1. 事皆有内揵，素结本始

如何在进言之前察言观色，先行试探，以彻底了解对方的人情所好，使得自己的进言能够有的放矢、对症下药，最终达到预期效果，这实在是一门不可忽视的大学问！

唐朝的纵横家赵蕤在其名著《长短经·钓情》篇里就此总结了七条诀窍：一是以物钓之，看喜欢何物；二是以言钓之，看喜听何话；三是以事钓之，看如何待事；四是以志钓之，看志趣何在；五是以视钓之，看眼神如何；六是以贤钓之，看如何待贤；七是以色钓之，看形色如何变化。

这其实与鬼谷子所说的“事皆有内揵，素结本始。或结以道德，或结以党友，或结以财货，或结以采色。用其意，欲入则入，欲出则出；欲亲则亲，欲疏则疏；欲就则就，欲去则去；欲求则求，欲思则思”如出一辙，而且二者所言各尽其妙，殊途同归，都充分肯定了“必得其情，乃制其术”的无穷妙用。

战国时的改革家商鞅，原是卫国人，年轻时便有大才，可惜得不到重用。他听说秦孝公励精图治，广揽人才，便带着十几车书，浩浩荡荡地跑到秦国来应聘。他这种举动比较出奇，人们议论纷纷，连秦孝公也有耳闻，起到了比较好的宣传效果。

商鞅第一次见秦孝公时，大谈“仁道”——这是孔夫子的当家学问，商鞅颇有心得，讲得口沫横飞、头头是道。可秦孝公却听得差点睡着了，完全是出于礼貌才耐着性子听他高谈阔论。商鞅察言观色，顿时明白：人家不爱这个。于是他知趣地告退。

过了十几天，商鞅又得到一个见秦孝公的机会。这次他不讲“仁道”讲“王道”，大谈治国平天下的学问，谁知秦孝公对这个也不感兴趣，商鞅只得再次告退。

过了一个多月，商鞅好不容易才得到再次见秦孝公的机会。这次他不谈“王道”谈“霸道”——这是法家以法治国、富国强兵的一套学问，一下子吊起了秦孝公的胃口。两人促膝相谈，越谈越投机。不久，秦孝公授命商鞅改革，成就了历史上有名的“商鞅变法”，为秦国日后兼并六国、统一天下奠定了基础。

鬼谷子的这种谋略，具体运用到商业谈判中，则强调我们要充分发掘出能“用其意”的各种因素，除了金钱等方面的利益外，适当地照顾到对方情感上的需要，有时却能起到意想不到的效果。

20世纪80年代初，著名的引滦入津工程有这样一段真实的故事：担负隧洞施工任务的部队一度因炸药供不上，面临停工，延误工期。领导心急如焚，派李连长带车到东北某化工厂求援。

李连长昼夜兼程千余里赶到化工厂供销科，可是得到的答复只有一句话：眼下没货！他找厂长，厂长忙，没时间听他多解释，他跟进跟出，有机会就讲几句；他软缠硬磨，厂长不为所动，语气生硬地对他说：“眼下没货，我也无能为力。”

话说到这份上，似乎路已堵死。

后来，厂长给他倒了一杯茶水，劝他另想办法。李连长并不死心，他喝了一口茶，看到这水又找到新话题：“这水真甜啊！天津人可是苦啊，喝的是海河槽里的苦水，不用放茶就是黄的。”他一眼瞥见厂长戴的是天津产的手表，接着说：“您也是戴的天津表？听说现在全国每十块表中就有一块是天津的，每四个人里就有一个人用的是天津的碱，您是办工业的行家，最懂得水与工业的关系。造一辆自行车要用一吨水，造一吨碱要160吨水，造一吨纸要200吨水……引滦入津，解燃眉之急啊！没有炸药，工程就得延期……”

他说得很动情，很在理。厂长有几分感动，问：“你是天津人？”“不，我是河南人，也许通水时，我也喝不上那滦河水！”厂长彻底折服了，他抓起电话下达命令：“全厂加班三天！”三天后，李连长拉着一车炸药胜利返程了。

2. 得其情乃制其术

我们平时说话、办事，怎样才能达到预期的效果呢？鬼谷子认为，要“得其情乃制其术”，就是说，必须通过调查研究，掌握实情，然后根据实情锁定目标，制订计划，采取行动。如果在掌握实情之前就盲目行动，必然会遭遇失败。

人与人之间都是相互依存的，因此，做到你知我知，相当重要。这就是说，只有看透对方，才能不致陷入误区，才能行之有效地处理棘手的问题。

抵巇篇

抵巇篇

在本篇中，鬼谷子讲到了发现、消除裂痕的重要性及方法。这里所说的“抵巇”，就是在裂痕刚刚出现时，就要通过各种手段使其得以控制；在裂痕不可弥补时，就要通过破坏使其彻底瓦解，并重获完整。

接触、利用

缝隙、漏洞

针对出现的矛盾、漏洞采取不同的手段

朝廷没有明君

公侯无德

小人谗害圣贤，君臣互相欺骗

贪婪奸邪之徒兴起作乱

贤者不得重用，圣人逃避浊世

天下土崩瓦解，四分五裂

诸侯相互攻击

百姓家破人亡

叛乱纷纷兴起

世可以治则抵而塞之

圣智之人的态度

不可治则抵而得之

充分利用抵巇之术

【经典原文】

物有自然，事有合离。有近而不可见，远而可知。近而不可见者，不察其辞也；远而可知者，反往以验来也。

巇者，罅也。罅者，涧也。涧者，成大隙也。巇始有朕，可抵而塞，可抵而却，可抵而息，可抵而匿，可抵而得，此谓抵巇之理也。

事之危也，圣人知之。独保其用，因化说事，通达计谋，以识细微。经起秋毫之末，挥之于太山之本。其施外兆萌牙蘖之谋，皆由抵巇。抵巇隙，为道术。

天下分错，上无明主，公侯无道德，则小人谗贼，贤人不用，圣人窜匿，贪利诈伪者作，君臣相惑，土崩瓦解，而相伐射，父子离散，乖乱反目，是谓萌牙巇罅。圣人见萌牙巇罅，则抵之以法。世可以治，则抵而塞之；不可治，则抵而得之；或抵如此，或抵如彼；或抵反之，或抵覆之。五帝之政，抵而塞之；三王之事，抵而得之。诸侯相抵，不可胜数，当此之时，能抵为右。

自天地之合离终始，必有巇隙，不可不察也。察之以捭阖，能用此道，圣人也。圣人者，天地之使也。世无可抵，则深隐而待时；时有可抵，则为之谋；可以上合，可以检下。能因能循，为天地守神。

【通俗译文】

万事万物都有自然而然的道理，事物在发展过程中，有时相合，有时背离。有时近在眼前却看不到，有时远在天边却了解得很清楚。近在眼前却看不到的原因，是不能考察对方的言辞：远在天边却了解得很清楚的原因，是能够借鉴过去已经发生的事而测验将要发生的事。

所谓“巇”，便是裂缝的意思，裂缝不及时堵塞，便会成为大裂缝，使得事物崩裂。裂缝开始发生时是有征兆的，可以采取不同的措施对待它：或者堵塞，或者排除，或者使事故平息，或者使事故消失；如果已经无法挽救了，便用新的事物来取代它。这就是抵巇的道理。

事物出现危险征兆时，圣人便能察觉。他能独自保持清醒认识，精神活动不受干扰，顺应变化之道来分析事物，因而能通达计谋，辨析细微的现象。万物开始时，经常都微小得像秋天鸟羽的末端；一旦成长壮大，就像泰山的山脚那样巨大稳固。圣人把他的智谋用于处理外界情况时，不管征兆如何细微，都要运用抵巇之术。针对裂缝采取措施的抵巇之术，是一种道术。

天下分裂纷乱，上面没有英明的君主，公侯大臣没有道德，小人当权，毁谤和残害好人，有能力的人不被任用，圣智的人远远逃避躲藏，贪图财利、虚伪欺骗的人到处活动。君臣互相蒙蔽，国家土崩瓦解，互相残杀攻击，百姓流离失所，父子分隔，亲友反目成仇。这种情况便叫作产生了裂缝。圣人见到产生了裂缝，便用各种方法来治理它。如果世界还可以治理，便采取措施堵塞裂缝；如果已经不可挽救，便用新的秩序来取代它。或者用这种措施治理，或者用那种措施治理；或者使它返回到原来的状态，或者使它翻转覆灭。上古时代，五帝相互禅让，发现裂缝便及时堵塞；夏、商、周建立新王朝，除掉原来的暴政，建立新的秩序。这都是历史上的先例。现在，诸侯之间乘人裂缝的事，数也数不清。在这种时代，能及时采取抵巇措施的人便是值得推崇的人。

自开天辟地以来，万事万物都会有裂缝产生，不可以不仔细观察研究。观察的方法是运用捭阖的手段。能够用抵巇之道来研究处理事物的人便是圣人。圣人便是体现天地自然之道的使者。世上没有什么裂缝可处理，他们便深深隐居，等待时代召唤；时代发生裂缝，可以采取措施时，他便出来谋划。他能够与国君遇合，取得信任；也可以约束民众，取而代之。他能够遵循这种方法，掌握住天地间的神妙变化。

【谋略精要】

1. 抵巇之理

鬼谷子认为，天下万事万物都有合有离，都难免会产生裂缝，产生矛盾，从政者一定要善于观察矛盾的征兆，采取不同的态度对待："巇始有朕，可抵而塞，可抵而却，可抵而息，可抵而匿，可抵而得。"这五种态度中，"抵而塞"与"抵而得"是两种最常用的方法。大到国家的治理，小到企业经营、人际交往，都会出现矛盾和裂缝，在这种时候，一定要及时查漏补缺、弥补缝隙，正所谓"亡羊补牢，为时未晚"！

人与人之间相处，产生隔阂和裂痕是在所难免的。不管是亲人之间、夫妻之间、朋友之间，还是同事之间，有了裂痕就要及时主动地去补救，不要让裂痕越来越大，以致无法挽救。下面我们仅以家庭关系中最难处理的婆媳关系为例。

一直以来，王晓丽对婆婆的态度都是保持分寸、拿捏尺度，带着敬畏之心的。就是不得已和婆婆上街并肩行走时，王晓丽都尽力避免靠得太近。这不是说王晓丽对婆婆有多么生分和见外，只是觉得婆媳之间固有的那种微妙关系，需要保持小小的距离才会让王晓丽觉得舒服和安全。

王晓丽的婆婆说话很直，有时甚至还有一些刻薄，心眼在某些时刻也显得小。王晓丽能做到的就是回避，回避和她在任何时刻可能会有的正面冲突。

偌大的厅堂里，婆婆一人做着毛线鞋，王晓丽走过她的身边，婆婆看看王晓丽，又低下头去继续做毛线鞋。王晓丽能感觉到婆婆希望自己能主动上去和她说说话、聊聊天，婆婆的眼神里透着落寞。但是，王晓丽却像一阵风一样，掠过她的身边，撂下她一个人，也撂下了满眼的期待。

有时上街，王晓丽时不时就能淘得新衣服回家。婆婆看到王晓丽手里拎的包就说："又买新衣服啊。""对啊。"王晓丽眉也不抬，"看着喜欢就买了。""你上次那件还没有穿呢。"婆婆的语气明显有些责备。"肯定是要穿的呀，你急什么。"王晓丽也有点不高兴。"多少钱啊，贵不贵？"这是婆婆的惯例。"不贵。"但王晓丽报出的数字却往往让婆婆吓一跳。对于婆婆诧异的眼神来说，王晓丽也早已见怪不怪，喜滋滋自顾去房里试换新衣服。

某年冬天的一个午后，王晓丽兴冲冲地买回一条休闲皮裤。皮裤是越小越好的，因为会越穿越松。当王晓丽费尽力气地穿上并奋力拉好拉链，艰难地松出口气，正蹲下身去磨合时，只听"哧"一声响，休闲皮裤的后中缝竟裂开了长长一条裂缝。王晓丽"哎呀"一声，婆婆从厨房里冲出来，不停地唠叨："裂了啊，找他去，什么货啊，哪个店里的？""找什么找啊！"王晓丽没好气地白了婆婆一眼，“在市区，远着呢。”王晓丽气冲冲地扔下裤子上班去了，心里一直不痛快。

晚上回到家，皮裤被整整齐齐叠放在桌上，王晓丽没好气地拿在手里，奇怪的是却找不着那条开裂的缝了。明明是裂了的啊，王晓丽很纳闷。“别找了，我帮你缝好了。”婆婆从厨房中端出最后做好的汤放在桌上，“吃饭了。”婆婆的语气淡淡的，像什么事情也没发生过。王晓丽拿着裤子默不作声地进了房间。在灯下，看清了婆婆手缝的纹线，一针一针，紧紧密密，和原先的纹线完全吻合，而且不只是裂口处，所有的接口，都被婆婆重新缝上了细密结实的针眼。一阵很强烈的温暖的感觉猛然间溢上了王晓丽的心头！王晓丽在灯下坐了很久，手指在皮裤上反复地摸索。王晓丽深知自己最讨厌的事情就是缝纫，对于针线活她一直避而远之。而婆婆一个冬日下午的清冷时光，就全耗在了她的皮裤上。想到婆婆长满冻疮开裂的手，想到婆婆千沟万壑、疼痛难忍却又哆哆嗦嗦为自己缝补的手，王晓丽的泪水不自觉地流了下来，一滴一滴，全落在这几百针细细密密、结结实实的针眼上。王晓丽知道，婆婆为自己缝补的不仅仅是开裂的皮裤，而是在用爱的丝线，缝补着婆媳二人之间浅浅的隔阂。

第二天，在婆婆每日梳妆的案头，多了两样东西，一样是热水袋、一样是冻疮膏，那是王晓丽悄悄放上去的。看到婆婆手里拿着那两样东西露出幸福笑容的样子，王晓丽的心里也暖融融的。而曾有的隔阂，也就在无声的关爱里默默地消融。

生活就是这样，如果有了隔阂和“缝隙”不及时“缝补”，缝隙就会越来越大，隔阂就会越来越深，矛盾就会越积越重，最终难以弥补、无法挽救，倘若及时弥补，把矛盾和隔阂消灭在萌芽状态，不但可以和好如初，还能拉近心理距离、增进彼此感情。

家庭关系如此，朋友关系、同事关系都是如此，有了缝隙，一定要及时“抵而塞之”。当然，我们更不能人为制造矛盾、破坏团结，因为利益而争得头破血流，否则不但无法获得应得的利益，还会失去应有的和谐与幸福，成为他人的笑柄。

2. 圣人见萌芽巇罅，则抵之以法

对待做事过程中的各种危机和不利局面，鬼谷子主张要预之在先，准备在先，这就是所谓“抵巇隙”。有了“抵”的意识，就能时时掌握主动权。

人们常常十分关心危机的处理手段，这是“临时抱佛脚，病危之时才寻医”的具体表现。实际上，大家都知道，一个人要想活得长、活得好，仅仅靠“临病求医”是远远不够的，进行经常性的身体检查，预防疾病更加重要，企业也是如此。正如鬼谷子所说的“圣人见萌芽巇罅，则抵之以法”。

危机是可以避免或减轻的，对待危机，或未雨绸缪，或亡羊补牢，结果有着天壤之别。

有一天，猴子在树林里见到山猪在一棵大树旁拼命地磨牙。猴子非常奇怪，走过去问山猪：“现在既没有别的动物来伤害你，也没有猎人来捕捉你，为什么还要这样努力地磨牙呢？”

山猪笑着说：“现在磨牙正是时候，你想一想，一旦危险来

临，我哪还有时间磨牙呀！现在磨得锋利点，等到用的时候就不会慌张了。”

这头山猪太聪明了，它知道在危险来临之前就把牙磨利，不然的话，很可能会在与其他猛兽的搏斗中丢掉性命。唉！有些时候，动物比人要聪明许多。动物已经把居安思危、未雨绸缪变成了一种本能，而有些人却没有明白这个道理，往往自恃强大而忽视准备的重要性。

应该说，外界的危机并不是最可怕的，可怕的是对这种危机的麻木不仁和茫然无知，不去做任何应对的准备。

对于一个庞大的企业，防患于未然的重要性远远高于得病后的治疗。中国有句古话：“凡事预则立，不预则废。”市场如战场，有备治人，无备则治于人。

对企业来说，危机不仅仅指企业面向公众或顾客的重大事故，还包括不论客观还是主观因素，抑或是不可抗力所引发的能够导致企业处于危险状态的一切因素。从分类上，包括人力资源危机、产品服务危机、客户危机、行业危机、财务危机、媒体危机、计算机技术危机、工作事故、诉讼危机、侵权危机、合同危机、政策法规变更、天灾人祸、破产危机、并购危机、保卫工作危机、企业战略危机、供应链危机、文化冲突、多元化危机、权力交接危机等 21 种危机模式。当前企业经常面临的前三种危机依次是人力资源危机、行业危机、产品服务危机。

企业不能有丝毫鸵鸟心态，认为危机绝不会降临到自己的头上，等到事后发出“假如当年不那样就不会有今天这样”的慨叹，只能伴着遗恨写进历史。与其抱着侥幸心理去消极面对危机，还不如制订切实可行的、周密的危机管理计划，化被动为主动。周密的危机管理计划是危机管理的指导方针。

危机的突发性和不可预料性决定了危机的不可避免性，对企业来说，只有尽早制订周密的应急计划，才能将危机扼杀在襁褓之中，将其所带来的严重后果降到最低。

3. 世可以治，则抵而塞之；不可治，则抵而得之

“世可以治，则抵而塞之；不可治，则抵而得之”是《鬼谷子》中最有特色的内容，已接近了民主思想的边缘。作者并不是站在最高统治者的立场来看待和处理社会矛盾，而是站在一种比较公正的立场，他公开宣布：国家发生了矛盾，如果还可以挽救的话，就协助当权者挽救；如果国家已经腐败不堪，无可救药，就推翻它，取而代之。

所谓“穷则变，变则通”，当一个国家的统治出现了危机和矛盾，若能“抵而塞之”，则可以变法图强，以挽救危机。但是，这种改革只限于阶级矛盾还有余地缓和的基础之上，倘若阶级矛盾和统治危机已达到无法挽救的地步，则只能“不破不立”，即通过革命“破旧”以“立新”，取而代之。周武王顺天应命、替天行道、兴周伐纣便是“抵而得之”。

商朝最后一个国王是商代的第三十一位帝王子辛，也叫“帝辛”，“纣王”并不是正式的帝号，是后人硬加在他头上的恶谥，意思是“残义损善”。据正史所载，商纣王博闻广见、思维敏捷、身材高大、膂力过人。他曾经攻克东夷，把疆土开拓到东南一带，开发了长江流域。殷商末年，它有两个主要的敌

手：西部的周方国及东部的夷人部族(甲骨文里被称作人方)。

这个时候，活动在渭河流域的姬姓周部落逐渐强大起来，首领周武王姬发正在积极策划灭商。他继承父亲文王遗志，重用姜尚等人，使国力增强。当时，商的军队主力正远在东方与东夷作战，国内军事力量空虚。周武王把握时机，联合各个部落，率领兵车300辆，虎贲(卫军)3000人，士卒4.5万人，进军到距离商纣王所居的朝歌只有70里的牧野(今河南淇县西南)，举行了誓师大会，列数纣王罪状，鼓励军队同纣王决战。

而此时商纣王的大军远在东南，无力回援，牧野之战的商军并非商王朝的精锐之师，而是临时武装起来的奴隶和囚徒。交战中，部分奴隶与囚徒临阵倒戈，周武王最终赢得了胜利，取代了商纣。

自古以来，变法改革以及王朝更替都是顺应社会发展规律的举措和行为，能不能通过变法得以图强，能不能通过革命取而代之，是要看能否顺应历史发展潮流、社会发展规律以及是否顺应民心，而并非一人之力所能为也。

“世可以治，则抵而塞之；不可治，则抵而得之”是符合社会发展规律、符合民心的正确思想和行为。

因此，变革旧的事物，绝不是什么轻而易举的事情，需要一段时间的准备，才能逐渐被人们理解、接受。古代明君的变革都是顺天应人、大公至正的，没有什么阴谋可疑之事，就像是老虎身上的斑纹一样昭然可见，天下人看得清清楚楚，无不信从。东汉的马融说“虎变，威德折冲，万里望风而信”。可见“德”是多么重要，任何人在推行变革之时，能够做到德行天下，天下人自然会云集响应，这样的变革前景当然美好。

变革本身是一个循序渐进的过程，不是一蹴而就的，更不是靠一股热情就能奏效的。它需要分步骤、分阶段地进行。经过反复研究，当天时、地利、人和都具备时，只需顺势而行。变革是非常严肃的事情，需要热情，更需要冷静；需要勇敢，更需要智谋。盲目采取行动会有风险，所以一定要审慎稳进，不宜贸然行动。对变革的舆论，必须要经过反复多次的研究探讨，进行审慎周密的考虑安排，证明变革确实合理可行。同时，还要能够得到人们的理解与信任，只有到了这个时候，才可以大刀阔斧地进行变革。

一旦变革成功之后，一定要小心翼翼地维护变革的成果。历朝历代在经济与政治改革获得一定的成功之后，会一再强调要稳定，稳定压倒一切，这样做的目的只有一个，就是维护变革后的成果，使老百姓逐渐享受到变革的利益。

这是一个竞争日益激烈的时代，唯有积极变革的企业才能生存，才能在市场竞争中站稳脚跟，走出新的道路，迈上财富的康庄大道。世界某旅馆业巨头为了把自己的旅馆建成第一流的旅馆，第一次在房间里使用了空调、电视，还为孩子们设计了游泳池，增加了照顾孩子的服务项目，甚至设计了为旅客的小狗居住的免费狗屋。所有这些，在当时都是闻所未闻的。正因如此，当别人的旅馆生意冷清时，他的旅馆却总是满满当当。

他的旅馆的成功之处，就在于突破了当时一般的经营策略，勇敢地采用最先进的设备，有针对性地设计服务项目，拥有了别人无法企及的优势。反之，若一味固守老传统、老经验，就会掐断财富的源泉。“当此之时，能抵为右”，这可以看作是鬼谷子对现代人的忠告。

在今天看来，鬼谷子的这一思想也是可以运用于很多地方的。如当我们在生活中遇到某些矛盾时，我们应先考察矛盾是否可以“治”，若可以“治”，则可“抵而塞之”以解决；若不可“治”，则应坚决地“抵而得之”。

飞钳篇

飞钳篇

“飞”者是指情绪放纵，言论自由。而“钳”者，则是指夹住，使之不能自由活动。在实践中，是指说服人的方法，按照自己的意图牵着人走的方法。简言之，作为统治者（领导人）要施行任贤之道，利用人的专长，不失时机地获得人和社会舆论的拥护，来成功大业。飞钳之术可以说是引人之术、服人之术。

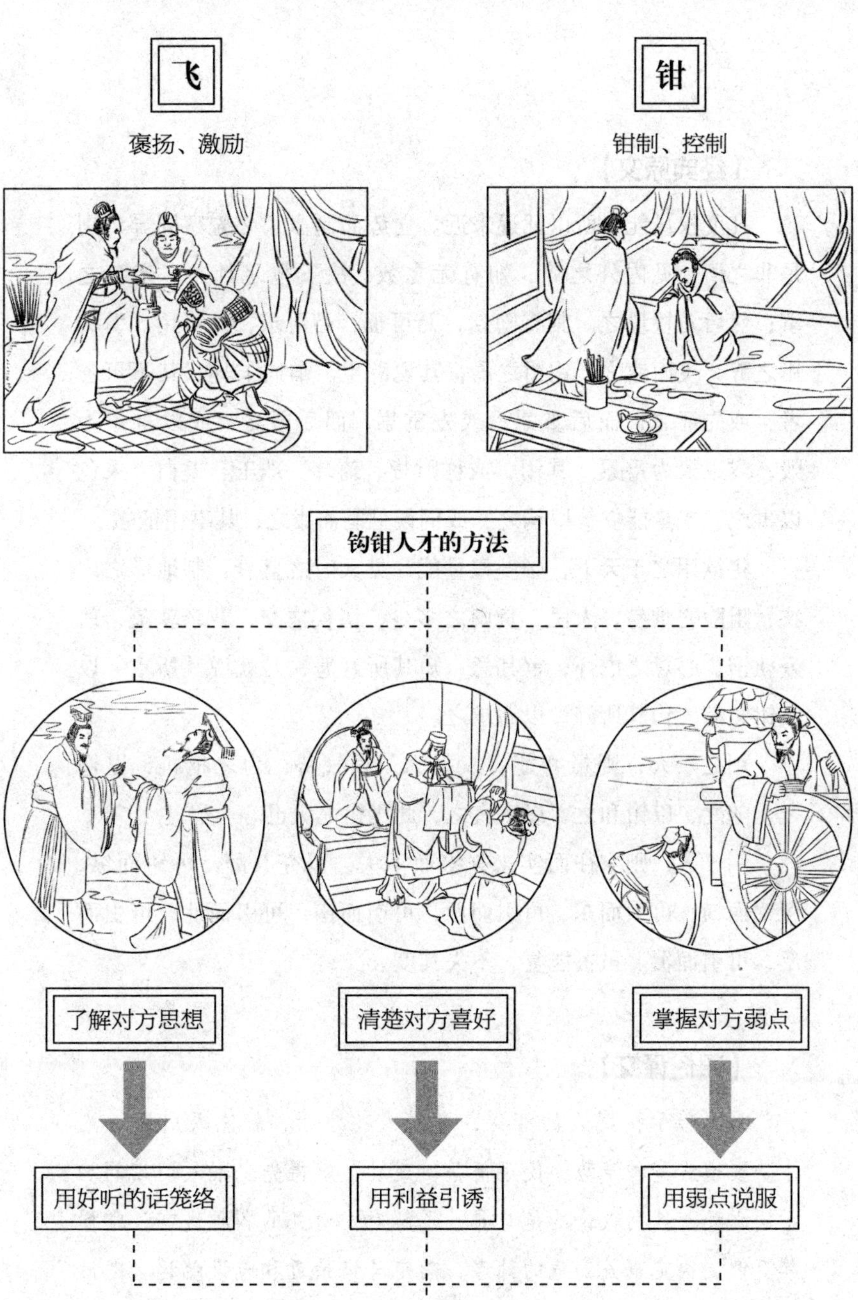
飞
褒扬、激励
钳
钳制、控制
钩钳人才的方法
了解对方思想
清楚对方喜好
掌握对方弱点
用好听的话笼络
用利益引诱
用弱点说服
让对方按自己的心意行事

【经典原文】

凡度权量能，所以征远来近。立势而制事，必先察同异，别是非之语；见内外之辞，知有无之数；决安危之计，定亲疏之事；然后乃权量之。其有隐括，乃可征，乃可求，乃可用。引钩钳之辞，飞而钳之。钩钳之语，其说辞也，乍同乍异。其不可善者，或先征之，而后重累；或先重累，而后毁之；或以重累为毁，或以毁为重累。其用，或称财货、琦玮、珠玉、璧白、采色以事之，或量能立势以钩之，或伺候见涧而钳之，其事用抵巇。

将欲用之于天下，必度权量能，见天时之盛衰，制地形之广狭，阻险之难易，人民、货财之多少，诸侯之交，孰亲孰疏，孰爱孰憎。心意之虑怀，审其意，知其所好恶，乃就说其所重，以飞钳之辞，钩其所好，以钳求之。

用之于人，则量智能，权材力，料气势，为之枢机，以迎之，随之，以钳和之，以意宜之，此飞钳之缀也。

用于人，则空往而实来，缀而不失，以究其辞。可钳而纵，可钳而横；可引而东，可引而西，可引而南，可引而北；可引而反，可引而覆。虽覆能复，不失其度。

【通俗译文】

只要善于揣度人的智谋，考量人的才干，就能吸引远近人才。要造成一种声势，使事情获得成功，就得先观察人们相同和不同之处，区别议论的是与非，了解对内对外的各种进言，掌握其真假，决定事关安危的计谋，确定与谁亲近和与谁疏远。然后再看看这样做的利弊得失。衡量这些关系时，如果还有不清楚的地方，就要进行研究，进行探索，使之为我所用。借用引诱使对方说出真情，然后通过恭维来钳住对手。钩钳之语是一种游说辞令，其特点是忽同忽异。对于那些没法控制的对手，或者先对他们威胁利诱，然后再对他们反复试探；或者先对他们反复试探，然后再摧毁他们；或者在反复考验中，毁灭对方，或者把摧毁对方作为反复考验。想要重用某些人时，可先赏赐财物、珠宝、玉石、白璧和美女，以便对他们试探；或者通过衡量其才能创造气氛，来吸引他们；或者通过寻找机会来控制对方，在这个过程中要运用抵巇之术。

要把“飞钳”之术向天下推行，必须考量人的权谋和才干，观察天地的盛衰，掌握地形的宽窄和山川险阻的难易，以及人民财富的多少，诸侯间交往中谁与谁亲密，谁与谁疏远，谁与谁友好，谁与谁相恶。要详细考察对方的愿望和想法，了解他们的好恶，然后针对对方所重视的问题游说他，先用“飞”的方法诱出对方爱好之所在，最后再用“钳”的方法控制住对方。

如果把“飞钳”之术用于他人，就要揣摩对方的智慧和才能，度量对方的实力，估计对方的气势，然后以此为突破口与对方周旋，进而争取以“飞钳”之术达成妥协，有意识地适应对方。这就是“飞钳”的秘诀。

如果把“飞钳”之术用于外交，可用华美的辞藻套出对方的实情，保持联系，勿使失误，以便考究游说的辞令。这样就可以把握关键实现合纵，也可以实现连横；也可以引而向东，也可以引而向西；可以引而向南，也可以引而向北；可以引而返还，也可以引而复去。虽然如此，还是要小心谨慎，不可丧失其节度。

【谋略精要】

1. 见内外之辞，知有无之数

鬼谷子认为，征召人才之后，就应该去了解人才。看看对方的专长所在，观察对方是哪方面的人才。“必先察同异，别是非之语；见内外之辞，知有无之数；决安危之计，定亲疏之事；然后乃权量之。其有隐括，乃可征，乃可求，乃可用。”要考察他们之间的相同和不同之处，区别他们正确的和错误的言行；要了解他们进言的真实性，能看出他们是否有真才实学；要与他们讨论、决策事关国家安危的大计，以便确定君臣之间关系的远近亲疏。最后通过权量这些关系，根据其表现出来的才能，矫正其短处，使他们都能被君王所利用。只有了解了人才，国君才可以在需要的时候征召、聘请、重用他们，也才能够做到用其所长、避其所短。

为统帅者，必须得到人才的辅佐，才可能成就大业。要得人才，首先要识人才，这就需要有鉴人之术。为统帅者若不能鉴人识人，即便是身边人才济济，也会视而不见。

春秋时期，楚国人卞和为国献宝玉，楚厉王与楚武王有眼无珠，卞和一献失左足，再献失右足。幸好贤明的楚文王即位后，主动召卞和进宫，并慧眼识玉，这块宝玉才没有被埋没。楚文王为表彰卞和几次冒死献宝，就将这块宝玉命名为“和氏璧”。

真正有才能潜质的人，往往就像那块“和氏璧”一样，一眼看上去平淡无奇，只有通过有识之士的发现、举荐和精心培养，才能展现出真正的才华和价值。

美国人卡罗林·威尔斯·霍登编写了一本《世界幽默选》，在《人才》篇中有一段，讲一个政治家对一个哲学家说：“聪明人真难找啊！”哲学家说：“的确，因为只有聪明人才能了解和发现聪明人。”这句话道出了人才的发现必须有善于发现人才的人。我国把善于发现人才的人通常比作伯乐。关于伯乐的地位，汉朝政治家桓谭说：“得十良马，不如得一伯乐。”唐代大文学家韩愈又做了进一步的论述：“世有伯乐，然后有千里马。千里马常有，而伯乐不常有。”这可以说是经验之谈。事实证明，“千里马”是常有的，关键是如何发现他、识别他。

“何代无贤，但患遗而不知耳”是唐太宗继帝位后与右仆射封德彝对话中的一句。这句话的意思是，每一个时代都有贤才，关键在于知，而知贤才，首先要能识别。但是，识别人这一工作，自古以来都是非常困难的。人之所以不同于其他动物，在于他的复杂性。人的智商、情商以及在实践中的选择能力，其他的动物是无法比拟的。实践证明，看准人，并加以妥善使用，事业则无往而不利；看不准人，就会用人不当，即使再好的事情也会一塌糊涂。

关于识人难的问题一直困扰着领导们，针对这一问题，白居易曾在他的《放言五首并序》的第三首中做了这样的描述，他写道：“赠君一法决狐疑，不用钻龟与祝蓍。试玉要烧三日满，辨材须待七年期。周公恐惧流言日，王莽谦恭未篡时。向使当初身便死，一生真伪复谁知？”这首诗的大意是说，识别人才的优劣、好坏，是非常不容易的，得经过长期的观察和多次的实践考验。就如同鉴别一块玉要用火烧三天，经过三天的火烧，这块玉还不热，那它便是真的；分辨一棵树是不是乔木，得需要等待七年时间；一个人的好与坏，真与伪，忠与奸，不能凭一时一事，也不能凭某些人的某些评断，而是要看他的整个过程。就好像周公和王莽一样，假如周公摄政时、王莽未篡位时就死了，那么他们一生的真伪又有谁会知道呢？可见识别一个人，它不但是复杂的，而且还需经过长期的观察和考验。

识别人难是公认的，但是人并不是不可识别的，只要我们有一定的识人的标准和原则，在此基础上我们就可以形成一套方法。

以德才兼备作为知人善任的标准，是中国文化的结晶。落实到识人方面，在我国古代有许多精辟的论述。三国时代蜀国的丞相诸葛亮在《前出师表》中就提出“亲贤臣，远小人”。这对兴亡有至关重要的意义。他借此对汉朝进行了概括，并指出，先汉时期之所以兴隆，是因为“亲贤臣，远小人”。后汉之所以倾颓，是因为“亲小人，远贤臣”。后来在《便宜十六策》中又进一步指出：“治国之道，务在举贤。若大国危不治，民不安居，此失贤之过也。”在唐朝有个大臣叫魏徵，他把识人与行结合起来，主张才行兼备。他提出要识人，要审查这个人的行为，做到知其善始用之。他说乱世用人，可不顾其行，但“丧乱既平，则非才行兼备不可用也”。这也明确地提出了德才兼备的标准。宋代政治家司马光在前人的基础上又提出“才者德之资，德者才之帅”的主张，这对后来的人产生过一定的影响。

从历史上看，凡按此原则识人并加以使用的，这样的群体都有过一番业绩。诸葛亮不但有知人的思想，而且在实践中也把这一思想充分地体现了出来。其中对待蒋琬就是一例。刘备率大军入蜀初期，蒋琬是广都的县令。有一次刘备下去巡视，见蒋琬酒醉不理政事，大怒之下就要杀他。诸葛亮非常了解这个人，替他讲情，说：蒋琬这个人，是国家的栋梁之材，非常难得，他为政以安民为本，不大重视粉饰自己。刘备尊重了诸葛亮的意见，没有给他治罪。蒋琬果然不负所望，后来做了不少有益的事情，并被诸葛亮提拔为丞相府长史，诸葛亮每次出征，他都能保障兵粮的供给。因此他被诸葛亮称为“忠雅之士”。诸葛亮临死前，又向刘禅推荐他。蒋琬果然没有被看错。在他执政期间，大公无私，胸襟广阔，善于团结人，能审时度势，使国治民安。

历史上也曾有过很多用人不当导致事业失败的教训。如北宋杰出的政治家王安石，在宋神宗的支持下开始变法。一场轰轰烈烈的变法运动，最终却归于失败。失败的原因，除了深刻的社会、政治原因外，与王安石本身也有很大的关系。王安石很有才华，但过于自信，以至于到了自大的地步；他识人不准，在实施变法的用人方面多有失误。当时，由于得不到朝中重臣的支持，王安石只好找那些急于上进的新人，且把他们都想象成像他一样为国分忧、为民请命的清官。然而，这些人不仅缺乏实际操作经验，而且都把变法作为晋身之阶，参与变法的动机不纯。王安石的重要支持者与助手如吕惠卿、章惇、曾布、蔡卞、吕嘉向、蔡京、李定、邓绾等，都属于人品不正者，甚至大多数后来都被列入了《宋史》的“奸臣传”中。用一些人品不好、胸怀私心的人进行变法，再好的设想也是得不到正确实施的。

人们都知道“滥竽充数”这个典故。南郭先生滥竽充数的伎俩之所以能够得逞，其最大的责任不在南郭，而在齐宣王。身为一国之君的齐宣王被南郭的花言巧语所蒙骗，犯了失察的大过。还好南郭先生只是一个在乐队里混饭吃的市井无赖，要是在一个集体里面，所谓的“人才”都像南郭这样，其后果将不堪设想。

2. 引钩钳之辞，飞而钳之

通过鉴人之术锁定人才之后，怎样吸引人才为我所用呢？只知鉴才而不能用，则毫无价值。在这里，鬼谷子提出了“飞而钳之”的办法，即首先要了解对方，其次要以褒扬的方式俘获其心。只有热情、诚恳地对待人才，才能赢得有识之士的诚心相助，成就大业。

《世说新语》中记载了一个故事，说一个洛阳的高官叫顾荣，一次应邀赴宴，发觉端烤肉的人露出很想吃烤肉的神态，就把自己那一份让给了他。同席的人都讥笑顾荣，顾荣说：“哪有成天端着烤肉，却不知道烤肉滋味的道理？”后来顾荣遇上战乱，过江避难，路上每逢遇到危难，总有一个人在身边保护。一问缘由，原来就是受赠烤肉的那个人。

风平浪静的时候，聚集在身边的人，不一定是真正的知己，一旦事到临头，这些人就作鸟兽散了。但在危难之时能不离不弃、携手共渡难关的人却一定是真正值得珍惜的朋友。所谓“疾风知劲草，日久见人心”，说的就是这个意思。

李元度被曾国藩称为“患难与共”的人，他早期与曾国藩的关系十分密切。曾国藩兵败靖港的时候，曾数次愤而自杀未遂。当时，在他身边“宛转护持，入则欢愉相对，出则雪涕鸣愤”的人就是李元度。后湘军在九江水域大败，损失惨重，曾国藩“愤极，欲策马赴敌而死”，被罗泽南、刘蓉劝止。在此困难之时，李元度投笔从戎，“护卫水师，保全根本”。在咸丰六年（1856）的时候，湘军周风山的军队在江西樟树镇被太平军击溃，曾国藩部下再无得力陆军，完全依仗李元度率领的平江勇“力撑绝续之交，以待楚援之至”。在曾国藩困守江西的那些最为艰难困苦的岁月里，李元度始终不离不弃、倾力辅助，最终帮助他走出了艰难的时期，为以后的东山再起赢得了宝贵的机会。

把人才当作朋友、知己一般对待，使其怀有知遇之感，自然不难赢得人才之心，从而为自己的事业加上一枚重重的砝码，这是古今中外无数成功者的成功秘诀。

美国IBM创始人沃特森说：“你可以接收我的工厂，烧毁我的厂房。然而，只要留下人，我就可以重新组建IBM。”可见，国外很多的知名企业家都把人力资源看得比物质资源更为重要，在现如今人力资源争夺激烈的环境下，国内的企业要想不被社会淘汰，就应该多多注重吸引人才的重要性，多向国外知名企业学习经验。

曾经有一个瑞士籍的研究生发明了一种电子笔及其辅助设备，这种笔和设备可以用来修正遥感卫星所拍摄的照片。这一发明引起了世界各国的关注，很多企业争相聘请这位研究生加盟。当时，一家美国公司和一家瑞士公司争夺这个人才，双方像在拍卖场上一样，不停地加价，都势在必得。最后，美国公司胜出，因为该公司对瑞士那家公司说：“我不加价了，等你们加够了，我在你们的数额上乘以50。”此言一出，吓退了那家瑞士公司。

这家美国公司可谓是魄力十足。事实上，很多美国公司都是这样。美国企业能够打遍天下，和他们重视人才分不开，全世界的精英都往那里会聚，怎么可能不发达？

忤合篇

忤合篇

“忤”是忤逆、反忤的意思，也就是违背了事物发展的要求，与其规律背道而驰的；“合”则是符合、顺应的意思，即遵循事物的发展要求和变化规律。本篇忤合术讲述的就是关于分合与向背的问题，强调要善于把握两者间相互转化的态势，只要顺势而行，便可纵横自如。

根据不断变化的情况，做对自己最有利的事

反复探求事物的连续性和独立性

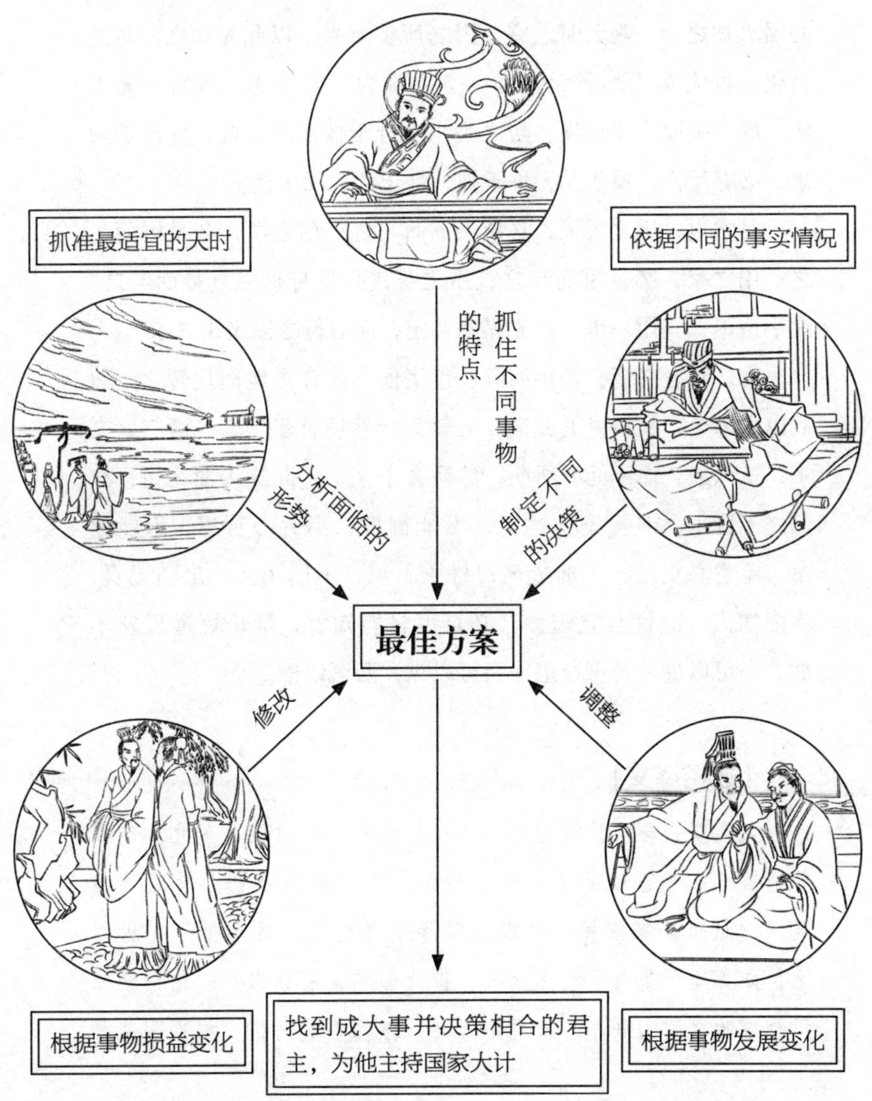

根据事物损益变化

找到成大事并决策相合的君主，为他主持国家大计

根据事物发展变化

【经典原文】

凡趋合倍反，计有适合。化转环属，各有形势。反复相求，因事为制。是以圣人居天地之间，立身御世，施教扬声明名也，必因事物之会，观天时之宜，因之所多所少，以此先知之，与之转化。世无常贵，事无常师。圣人常为，无不为；所听，无不听。成于事而合于计谋，与之为主。合于彼而离于此，计谋不两忠，必有反忤。反于是，忤于彼；忤于此，反于彼。

其术也，用之天下，必量天下而与之；用之国，必量国而与之；用之家，必量家而与之；用之身，必量身材能气势而与之。大小进退，其用一也。必先谋虑计定，而后行之以飞钳之术。

古之善背向者，乃协四海、包诸侯，忤合之地而化转之，然后以之求合。故伊尹五就汤，五就桀，然后合于汤。吕尚三就文王，三入殷，而不能有所明，然后合于文王。此知天命之钳，故归之不疑也。非至圣人达奥，不能御世；不劳心苦思，不能原事；不悉心见情，不能成名；材质不惠，不能用兵；忠实无真，不能知人。故忤合之道，己必自度材能知睿，量长短远近孰不如，乃可以进，乃可以退，乃可以纵，乃可以横。

【通俗译文】

大凡联合与对抗的行动，都有相应合宜的计策。变化和转移就像铁环一样连锁而无中断。然而，变幻着的事物各有具体情况，彼此间互相依赖，要根据实际情况处理。圣人生活在世界上，立身处世是为了教化众人，扩大影响，宣扬名声。他们必须根据事物之间的联系，来观察天时，抓住有利时机，根据国家哪些方面有余，哪些方面不足，据此先把握实质，并设法促进事物向有利的方面转化。世上没有永远显贵的事物，事物没有永恒的师长和榜样。圣人常常是无所不做，无所不听。办成要办的事，重要的是不违背预定的计谋。如果为了自己的君主，合乎这一方的利益，就要背叛那一方的利益。凡是计谋不可能同时忠于两个对立的君主，必然违背某一方的意愿。合乎这一方的意愿，就要违背另一方的意愿；违背另一方的意愿，才可能合乎这一方的意愿。这就是“忤合”之术。

如果把这种“忤合”之术运用到天下，必然要把全天下都放在“忤合”之中权衡；如果把这种“忤合”之术用到某个国家，就必然把整个国家放在“忤合”之中权衡；如果把这种“忤合”之术运用到某个家族，就必然要把整个家族都放在“忤合”之中权衡；如果把这种“忤合”之术用到某一个人，就必然要把这个人的才能气势都放在“忤合”之中权衡。总之运用“忤合”之术的范围或大或小，其功用是相同的。所做之事都要预先谋划、分析、计算之后再实行“飞钳”之术。

古代那些善于以背离一方、趋向一方而横行天下的人，常常驾驭着四海之内的各家势力，控制各个诸侯，在“忤合”中促成转化，然后达到“合”于圣贤君主的目的。过去伊尹五次臣服商汤，五次臣服夏桀，然后才决定一心臣服商汤王。吕尚三次臣服周文王，三次臣服殷纣王，其行动目的仍未显露于世人，最后归服了周文王。这就是懂得天命的制约，所以才能归顺一明主而毫不犹豫。如果不具备高尚的品德、超人的智慧，是不能驾驭天下的；如果不用心冥思是不可能揭示事物的规律的；如果不全神贯注地考察事物的实情，就不可能功成名就；如果才能、胆量都不足，就不能统兵作战；如果只是愚忠呆实而无真知灼见，就不可能有察人之明。所以，“忤合”的规律是：首先估量自我聪明才智，度量自身的优劣长短，分析在远近范围内还比不上谁。这样就可以前进，可以后退；可以合纵，可以连横了。

【谋略精要】

1. 反复相求，因事为制

在纷繁复杂的社会生活中，当对立的各方都邀请自己加入的时候，应该接近谁、远离谁？ 弄清这一点是很重要的。 鬼谷子给出的答案是“因事为制”，也就是根据事态的发展来决定。

有一则寓言，说有一天，狼的使者来到羊群里，许诺说：“如果你们把守护你们的狗抓住杀了，我们以后就不再吃你们了，让你们过上安静的日子。”那些愚蠢的羊答应了狼的要求。这时，有只年老的羊站出来说：“我们怎能相信你们，并同你们共同生活呢？ 有狗保护我们的时候，你们还闹得我们不能安心地吃顿饭呢。”

聪明人不会轻信敌人的诺言，而放弃自己的安全保障。 相信敌人的诺言无疑是愚蠢的，而选择自己盟友的时候，则一定要睁大眼睛。

春秋时期，鲁国是一个弱小的国家，经常受到其他大国的威胁。 鲁国国君为了巩固统治，想和晋、楚这两个大国结交，就准备把自己的几个儿子派到晋、楚两国去，名义上是当官，其实是做人质。 鲁国大夫犁鉏不同意这样做，他对鲁君说：“大王，如果您的儿子落水了，您到越国去求人救他，越国的人虽然善于游泳，但也救不活您的儿子；如果鲁国失火了，您到海里去取水，海水虽多，也不能及时扑灭大火，这是因为远水难救近火啊！ 现在晋国和楚国虽然强大，但距离鲁国很远。 离我们最近的大国是齐国，如果让公子去齐国，我们和齐国结交，当鲁国有难时，齐国能不来相救吗？”鲁君认为他说得很有道理。

鲁国国君舍近而求远，准备结交一些根本帮不上忙的盟友，这种做法违背了常理，显然是错误的。 但是他联合大国、寻求安全保障的做法是正确的。 有时候，当我们面临共同的威胁时，单打独斗是很难有胜算的，此时应该建立一个战略联盟，团结一切可以团结的力量以克服困难。 古语云：“人心齐，泰山移。”只要有足够的力量联合，即使是泰山挡道，也可以将它移开。

历史上许多有远见的政治家都因做到了这一点，而改变了敌我力量的对比，使自己走出了困境。 比如三国时期，蜀军败于夷陵，被吴国陆逊火烧连营七百里，损兵折将，导致刘备悲愧交加，病死于白帝城。 此时，蜀国内部政权不稳，外部魏国大兵压境，其危急形势，正如诸葛亮在《出师表》中所说：“先帝创业未半，而中道崩殂；今天下三分，益州疲敝，此诚危急存亡之秋也。”在这国难当头之时，诸葛亮没有盲目决定向东吴复仇，而是首先考虑建立战略联盟，恢复与东吴的联盟关系。 由于战略联盟建立，进攻蜀国的曹真大军被吴将徐盛打得大败，而诸葛亮由于再无后顾之忧，得以放手南征，七擒孟获，北伐中原，六出祁山，取得了一系列的胜利，为蜀国的生存空间又赢得了几十年的时间。

在政治和军事斗争中，当对立的双方势均力敌、难解难分的时候，第三方的态度就显得非常关键了。当第三方加入某一方以后，就迅速促成了另一方的失败。历史上有不少这样的例子。

明朝末年，李自成率农民军攻占北京，崇祯帝自缢于煤山，明朝灭亡了。李自成为招降驻守山海关的辽东总兵吴三桂，派降将唐通带着 5 万两白银和吴三桂父亲的书信，前去游说他。吴三桂原本打算归顺闯王，但又得知李闯王政权镇压明朝权贵，自己的父亲被追赃拷打，家产全被查抄，连他最宠爱的小妾陈圆圆也被掳走了，他一气之下，杀了李闯王的使者，给清朝的睿亲王多尔衮写信，请求他发兵征讨李自成。清军早就想进关统治整个中原了。所以，多尔衮立刻率清兵进入山海关。李自成得知吴三桂不肯投降，就亲率大军，和吴三桂的大军在山海关附近决战。两万清军骑兵从右边突袭农民军，农民军大败。后来，清军彻底打垮了李自成，进入北京，顺治皇帝登位，统一了中国。

站在一起的盟友，并非各方面都完全一致，因此必须异中求同。这需要有人积极主动，才可以很快地找到共同点来解决共同面对的问题。如果双方都自顾矜持，不去主动解决问题寻找共同点，只是盯着别人与自己不同的地方，那无论到什么时候，都不可能找到彼此的共同点。

同样，在现代商业社会中，凭个人的单打独斗很难取得事业上的飞跃。学会与人合作，则显得至关重要。那么，该怎样选择合作者呢？借用一句名言来说：“我们没有永远的朋友，也没有永远的敌人。”——凡事要根据形势来判断，这也是鬼谷子思想的精髓。

商业史上有这样一件让人津津乐道的事：在西方许多家庭的餐桌上，习惯于同时摆上美国“水晶杯”公司和“细瓷”公司生产的水晶玻璃高脚杯和细瓷餐具，它们都是高档的名牌餐具。过去，这两家公司因为是竞争对手，关系一直不好。可后来他们经过协商，决定联合推销。“水晶杯”公司利用细瓷餐具在日本市场的信誉，通过联合销售，将其产品打入日本等国；而“细瓷”公司则利用“水晶杯”50％的产品销在美国的优势，使细瓷餐具占领了美国家庭与饭店的餐桌。结果，联合推销使双方相得益彰，两家的销售额均大幅提高。

2. 世无常贵，事无常师

鬼谷子认为，要达到某一目的，实现某一意愿常常要曲折地、灵活地应变，以求成功。

事物总在变化中，正如鬼谷子所言，“世无常贵，事无常师”，圣人就是要了解掌握这一规律，促使两者之间的转化。世上的事没有永远不变的，或忤于彼或忤于此，反忤则通过计谋使之合，这就是反忤之术，因为反忤之结果可以合，也称为忤合之术。由此可知，“忤合”是事物发展变化中的应变常规，所以，忤合之术基于“反”“合”可以互相转化的原理，有些事情顺势去做可以成功，有些事情逆反去做也可以成功。

因此“忤合”术即“以反求正”之术。为了实现某个计划，正面进攻常常难以实现，这时就需要曲折、灵活地应变，从侧面或者反面突破，以求成功。

“司马光破缸救人”早已传为佳话，脍炙人口，这是典型的以反求正的案例。按照通常的想法，人掉进水里以后，人们采取的办法就是把人从水里捞出来，也就是“让人脱离水”，这是符合常规的思维。但是，对于年仅 10 岁的司马光来说，要把另一个掉进水缸里的小孩子抱出水面，是不可能的。也就是说，常规的方法只能使他陷入困境。司马光的聪慧之处就在于没有按照常规的方法，而是从相反的方向，开通出一条思路，也就是“让水脱离人”。他打破了水缸放水，从而顺利地把水缸里的小孩子抢救了出来。事实上，有许多问题在用顺向思维无法解决的时候，要攻克这个难题，摆脱困境的最好、最有效的方法就是把我们的脑袋反转一下。

清朝著名学者纪晓岚在他的《阅微草堂笔记》中讲了这样一个故事：沧州城南，有一座靠近河岸的寺庙，山门倒塌，一对石雕的野兽也随之滚到河里去了。过了十几年，准备重修山门，需要把那一对石兽打捞起来，但河很长，到哪里去寻找呢？按照一般人的看法，石兽必然在下游。但一老河工却不同意这种看法，他认为“凡河中失石，当求之于上流”，认为石兽应到河上游去找，他说：“石兽是坚固沉重的，河沙是稀松轻浮的，流水的力量不能一下子把石头冲动，但是被石头挡回来的水的力量必定在面对流水的石头下边，把河沙冲开，形成一个窟窿，越冲窟窿越大，这个石头下边的窟窿扩大到中部，石头不能再保持平衡，必定倒转到窟窿里去。流水再冲击河沙，到一定时间石头再倒转一次，不断地倒转，这个石兽就逆着流水跑到上游去了。”人们按照老河工的话去寻找，果然在上游几里远的地方把那对石兽找到了。

鬼谷子认为，任何事物都有正反逆顺的发展形式，施用“忤合”之术的前提是必须对具体事物多方研究，从而采取具体的应变方法。缺乏针对性的以反求合，不仅不能实现原先意图，而且可能适得其反。

实施“忤合”之术，必须充分认识万物皆在变化中，变化才有发展，所以有效的忤合智谋必须使实施者相信要超过自己的对手有两个必备条件，其一是知己知彼。知己知彼才能进退纵横，游刃有余。其二是应在对方处于谋略、攻势状态中，即在不如我方谋略的情况下，行“忤合”之术，必将使我方获得主动权。

诈退之法常被军事家广泛使用，曹操就曾用此计巧取阳平关。

公元215年春，曹操率兵攻伐汉中张鲁，自陈仓出发，一路夺关斩将，进行得极为顺利。阳平关地势险要，易守难攻，守将为张鲁之弟张卫与大将杨昂，他们在山顶筑长墙10余里，更增加了进攻的难度。几次攻击之后，曹操损兵折将，却没有踏上阳平关半步。这时，曹操眉头一皱，计上心来。他见阳平关着实难以攻破，便引军后退。敌人见曹操大军已退，守备也就松弛下来。不料曹操的退兵乃是诈退，正欲以松懈敌人守备。他立即命令张郃、夏侯渊领兵乘夜偷袭，终获大胜，登上了阳平关。阳平关一破，汉中已无险阻，张鲁仓皇逃走，曹操遂占有汉中。

在军事上，诈降之术、诈败之法均为“忤合”之计。

在现实生活中，要达到成功处世的目的，常常要迂回曲折地采取灵活的应变措施，这正是“忤合”之术的妙用。施展此智谋时，首先必须知己知彼，即了解自己和对方的情况，因人而异，因事而异；其次要注意保密性。只有这样才能左右逢源，办事成功。尤其是在商业活动中，要想获取成功，就一定要领悟“忤合”术的真正内涵，在曲中见直、直中见曲中，转患为利。

3. 忤合之道，己必自度材能知睿

“己必自度材能知睿，量长短远近孰不如，乃可以进，乃可以退，乃可以纵，乃可以横。”是说一个人无论做任何事，首先要自我估量，然后度量他人的优劣、长短，分析、对比自己与他人的差距所在。只有在这样知己知彼以后，才能进退自如、淡然若定。

一个人只有先了解自己，才能明确地为自己的人生定位，才能清清楚楚地知道自己该做什么、能做什么、适合做什么乃至做什么能成功；一个人只有对所要交往的众人有清晰而全面的了解，才能知道自己何去何从，才能正确决断自己的去向，才能找到自己的用武之地，如果不了解对方就草率从事，往往会落得怀才不遇、明珠暗投的下场。所以，在做出决断之前，一定要清楚自己、了解对方。

这个道理最适合于当今最热门的话题——求职。兵书上说，“知己知彼”方能“百战不殆”，求职应聘，一定要知己知彼，才能成功地找到自己称心如意的工作，让自己的才能有真正的用武之地。

一家外贸公司想要招聘一名搞贸易的人才，并且招聘单位要求此人会外语。一位女大学毕业生知道后喜出望外，马上赶到

那家公司应聘。一到公司她才知道，已有几名比她外语还出色的应聘者被淘汰了。

女大学生立即调整了思路，在回答完考官提出的相关问题的同时，又主动介绍了自己的情况：“我对经济贸易很感兴趣，因为我上高中时，对世界地理的学习特别用功，所以对各个国家的地理概貌、矿产资源都比较了解，我可以用英语介绍美国西部地区的情况。同时，我也可以用日语介绍一下战后日本经济腾飞的情况。我曾在商业部门实习半年，颇懂一些经营之道，如果你们能认真考虑我的条件，我想我可以胜任此项工作。”这位女大学生恰到好处的“画蛇添足”，说到了考官的心里，最终她被聘用了。

这位女大学生之所以成功，在于她清楚地了解自己的长处和优势，而这个优势又恰恰符合招聘单位的需要，成功也是情理之中的事。

所以，在求职过程中一定要谨记这条重要法则：“己必自度材能知審”，即知己知彼。

所谓“知己”，就是求职者要了解自己，能客观地分析自己的性格、专长、爱好、学历、知识背景、工作背景，既能认清自己的优点和长处，又能客观地对待自己的缺点和短处，并且尽量扬长避短。但是在用人单位面前，“扬长”要适度，要实事求是，切不可张扬甚至刻意炫耀；“避短”并非刻意回避，有意掩饰，而是顺其自然、客观对待。若用人单位问起，则说；不问，则不提。只要确定自己的长处和优势完全符合招聘单位的要求、自己的能力完全可以胜任所要应聘的岗位即可。

所谓“知彼”，就是求职者要了解招聘单位。要做到“知彼”，可以从以下三个方面入手：

首先，是对招聘单位整体情况进行了解。招聘单位的名称、行业属性、产品或服务的大致类型是求职者必须要了解的。在此基础上，求职者还要有意识地去了解招聘单位的规模、行业地位、发展态势、企业文化，等等。

其次，是对应聘岗位的了解。求职者要了解应聘岗位的工作职责、工作方式、在企业组织架构中的位置、在企业中的发展空间、工资福利、待遇，等等。

最后，是对面试官的了解。面试官代表招聘单位对应聘者进行考查。面试官往往影响着应聘的成功率。所以应聘者应避免那些过于个性化的装扮，如怪异的发型、奇装异服，等等。此外，应聘者还可以有意识地去了解面试官在招聘单位的职务，特别是面试官的职务与自己所应聘的职务之间的关系。还有就是面试官的性格、爱好等也是应聘者应该有所了解的。

总之，“知己知彼”的根本目的在于准确找到自己的职业定位和人生定位，所以求职时一定要谨慎对待，切勿操之过急，以免入错行，耽误自己的职业规划和人生规划。

“己必自度材能知睿”还有另外一层现实意义，就是要承认自己的不足，同时了解他人的长处，学会取长补短。在鬼谷子看来，不管是与人竞争还是联合，要想得利，都必须以自己本身的实力作为保证，否则就会归于失败。

揣篇

揣 篇

“揣”是指揣摩、估计、推断，等等，通过这些方法对游说对象作出较为准确的判断，以达到自己的目的。文章一开头便指出，善于治理天下者，其胸中必须揣有天下之一切。立志于当政治家的谋臣策士，必须明于“量权”，善于“揣情”，然后才能有所成就。

对一般人

对深藏不露的人

不与他深谈

其人忧

其人喜

加以引导

询问他所亲近的人，了解他的意图所在

使其喜到极点

挑动情绪

使其倾吐忧惧之事

知道他安身立命、不露神色的依据

吐露实情

【经典原文】

古之善用天下者，必量天下之权，而揣诸侯之情。量权不审，不知强弱轻重之称；揣情不审，不知隐匿变化之动静。

何谓量权？曰：“度于大小，谋于众寡。称货财有无，料人民多少、饶乏、有余，不足几何；辨地形之险易，孰利、孰害；谋虑孰长、孰短；群臣之亲疏，孰贤、孰不肖；与宾客之知睿，孰少、孰多；观天时之祸福，孰吉、孰凶；诸侯之亲，孰用、孰不用；百姓之心，去就变化，孰安、孰危；孰好、孰憎；反侧，孰便。”能知如此者，是谓量权。

揣情者，必以其甚喜之时，往而极其欲也；其有欲也，不能隐其情。必以其甚惧之时，往而极其恶也；其有恶也，不能隐其情。情欲必失其变。感动而不知其变者，乃且错其人勿与语，而更问其所亲，知其所安。夫情变于内者，形见于外；故常必以其见者，而知其隐者；此所谓测深揣情。

故计国事者，则当审量权；说人主，则当审揣情；谋虑情欲必出于此。乃可贵、乃可贱、乃可重、乃可轻、乃可利、乃可害、乃可成、乃可败，其数一也。故虽有先王之道、圣智之谋，非揣情隐匿无所索之。此谋之大本也，而说之法也。常有事于人，人莫先事而至，此最难为。故曰“揣情最难守司”。言必时其谋虑，故观蜎飞蠕动，无不有利害，可以生事。美生事者，几之势也。此揣情饰言成文章，而后论之。

【通俗译文】

古代善于凭借天下各种条件来施展才能、发挥作用的人，一定要衡量天下的权势实力，揣测各位诸侯的真实心情。如果对权势实力的衡量不详明周密，就不了解各国强弱虚实的差别；如果对真实心情的揣测不详明周密，就不了解隐蔽和变化的状况。

什么叫衡量权势实力呢？回答是：“那便是估量并思考大小和多少的情况。包括衡量和计算：有没有财物；人民有多少；贫富状况怎样；哪些方面有余，哪些方面不足；还要分辨比较：地形险峻还是平坦；哪里地形有利，哪里地形不利；哪一国善于谋划，哪一国不会谋划；君臣间的关系，哪一国君主亲近贤人疏远小人，哪一国君主亲近小人疏远贤人；哪一国的宾客足智多谋，哪一国的宾客缺少智谋；还要观察天命，即观察国家命运的发展趋势，谁有祸，谁有福；谁凶，谁吉；观察诸侯间的关系，看谁有可靠的盟国，亲密可用；谁没有可依靠的盟国，不能利用；观察民心向背和变化状况，哪国民心安定，哪国民心不稳；谁被人民热爱，谁被人民憎恶。对以上情况反复辨识并准确把握，知道如何去行动。”了解以上一切，这便叫作衡量权势实力。

揣测真实心情，一定要选在那个人最高兴的时候，前去会见他，最大限度地刺激他的欲望，因为他被欲望蒙蔽，便不能隐蔽真情；一定要选在那个人最担心的时候，前去会见他，最大限度地诱发他想起所憎恶的对象，因为他被憎恶所激动，便不能隐蔽真情。还一定要了解那个人感情欲望的变化。如果触动了那个人的感情，但还是摸不清他的变化，便暂且放开那个人，不跟他交谈，转而去询问他亲近的人，从而了解到他所满足的是什么。内心发生感情变化，一定会从外部表现出某种形态。所以，一定要经常从外部表现出来的形态去深入了解内心隐藏的思想感情。这便叫作揣测内心深处的思想感情。

如果要谋划国家大事，就一定要衡量天下的权势实力；如果要游说君主，就一定要周详地揣测他的真实思想感情。一切计谋和愿望，都要通过这种揣测之术。有的人显贵，有的人低贱；有的人被重用，有的人被轻视；有的获利，有的受害；有的成功，有的失败，其规律是一致的。那就是，善于揣测的人便显贵、获利、成功；否则，便低贱、受害、失败。所以说，即使有先王的治国方法，有圣人智者的谋略，如果不揣测真情的话，也无法寻求那隐蔽的东西。可见，这揣测之术是谋略的根本，是游说的法则。善于揣测的人，经常跟别人接触谋事，却没有谁能够超过他。他在事情发生之前便能准备好，这是最难办到的。所以说，揣情是最难掌握的，这就是说最难掌握别人内心的谋划。即使是昆虫飞行爬动那样微末的事情，也都包含着利益与祸害，可以使事物发生变化。使事物发生变化的原因往往是微小的势态。实行这揣情之术，必须要修饰言辞，使之富于文采，然后再进行论说。

【谋略精要】

1. 度于大小，谋于众寡

在这里，鬼谷子阐述了量权的主要内容。量权就是："度于大小，谋于众寡。称货财有无之数，料人民多少、饶乏、有余，不足几何？辨地形之险易，孰利、孰害？谋虑孰长、孰短？君臣之亲疏，孰贤、孰不肖？与宾客之知睿，孰多、孰少？观天时之祸福，孰吉、孰凶？诸侯之交，孰用、孰不用？百姓之心，孰安、孰危？孰好、孰憎？反侧，孰便。"量权主要是针对"计国事者"（谋划国家大事的谋臣说客）的一种策略。

谋臣在游说前必须知晓游说对象的国际国内政治、经济、军事、外交等局势。

“辨地形之险易，孰利、孰害”提到的是如何辨别地形的利弊，从而为自己谋划策略创造有利条件。赤壁之战是历史上著名的以少胜多的战役。分析曹操失败的原因，除了个人的骄傲轻敌之外，更重要的一个原因就是对地形分析不够。北方人不善水战的致命弱点被孙刘联军加以利用，从而被孙刘联军用火攻，导致了魏军的惨败。

我们说一件事的成败要考虑“天时、地利、人和”。战场上不仅要善于观察“地利”，还要重视“人和”的作用。

李膺是南朝宋时涪县(今四川绵阳)的县令。公元501年，萧衍在襄阳起兵讨伐南齐，立萧宝融为帝。此后，萧衍又联合邓元起进攻郢州城。不久便攻下郢州，萧衍便让邓元起任益州刺史，代替原益州刺史刘季连。

刘季连原是南齐皇帝萧宝卷任命的，萧衍起兵讨伐萧宝卷时，刘季连犹豫不定，左右摇摆。当他得知自己将被取代时，就征召士兵，誓守益州。

邓元起得到刘季连誓守益州的消息后，便先进兵巴西郡(今四川阆中一带)，太守禾士略开城投降。于是他开始招兵买马，一时间便使自己手下增至三万人。可是蜀地长期战乱频繁，人们大多逃亡，田地荒芜，无人耕种，三万人马的粮草供应竟成为问题。邓元起对此一筹莫展，不知如何是好。

这时有人出主意说：“蜀地政治混乱，连年争战，很少有人想在这获取东西。他们认为这里的百姓已所剩无几，即使有，也是伤残带病的，没有丝毫用处。实际上并非如此，老百姓往往趁政治混乱、管理松懈的时机，在户籍上假装残疾，以欺骗官府、逃避赋税，这种情况在巴西郡尤为严重。如果您现在下令核实户籍，把那些假装残疾的人给以重罚，粮草之事，几天便可解决。”

邓元起听从了这个意见，准备派人核查户籍，以筹备粮草。

涪县县令李膺知道了这个消息后，连忙拜见邓元起说：“请大人先不要这样做，我对巴西郡的情况很熟悉，让我来告诉您怎么办吧。”

邓元起见李膺相貌堂堂，一股浩然正气，便下令先不要核查户籍，看看这位涪县县令有什么高明之策。李膺说：“刘季连拥兵誓守益州，又派出强将准备来讨伐大人，现在您是前有强敌，后无增援。如今又处在粮草短缺的境地，巴西郡人民刚刚依附于您，正在观望您的德政如何。这时候如果核查户籍，对隐瞒的人施以重罚，则会造成他们的不满。他们忍无可忍，便会趁机作乱，对您有百害而无一利。万一离心离德，您后悔都来不及了。孟子说过‘为渊驱鱼者，獭也；为丛驱雀者，鹯也；为汤武驱民者，桀与纣也。’大人该不会不懂这个道理吧！”

邓元起听了之后高兴地说：“我差点听信小人之言啊！既然你能分析透这件事情，又对巴西郡很了解，那粮草之事，就交给你去办吧！”

于是李膺答应邓元起，五天之内筹备齐粮草。他命人把当地的富户找来，对他们说道：

“如今形势朝不保夕，谁能预料到第二天还能不能活！难道你们不想过太平日子吗？现在邓元起将军领兵接任益州刺史，而原益州刺史刘季连却陈兵反对。邓元起将军一心要为民造福，却因粮草短缺不能实现。我劝各位往长远处着想，帮邓灭刘，如果到时天下太平了，我们巴西郡也可沾光；如果死守财物，说不定哪天就会被乱兵抢夺一空啊！”众人听了，都连声说：“正应如此，正应如此。”

不到三天，李膺便将粮草如数交给邓元起。

“称货财有无，料人民之多少、饶乏、有余，不足几何”说的就是在制订策略时要考虑到百姓钱财的多少、民众的反应如何。在战乱纷纷的年代，百姓深受其害，所以才假装残疾以逃避征兵和纳税，这是他们谋求生存的最后一道防线，如果把它也打破了，后果不堪设想。李膺深明此理，所以不向穷苦的百姓筹粮，只从富户身上想主意。富户虽然爱钱，但是毕竟性命重要，为了保住性命，就只能拿钱来换了。

宋仁宗时期，富弼采用了李仲旦的计策，从澶州的商胡河开凿六漯渠流入横陇的故道，以增加宋朝的水利灌溉渠道。贾昌朝素来憎恨富弼，于是暗地勾结宦官武继隆，想置富弼于死地。正在这时候，宋仁宗生病，不能上朝理政，贾昌朝便密令两个司天官趁朝中官员商讨国事时上奏道：“国家不应该在北方开河，以致皇上身体不安。”众大臣听了，都不以为然。宰相文彦博知道他们是别有用心，但当时却无法制止。

数天之后，那两个司天官又上疏请皇后一同听政，并罗列许多理由来证明皇后听政是上策。

内侍史志聪把他们的奏疏交给宰相文彦博，文彦博看后默不作声，把它藏在怀中，没有给任何大臣看，脸上却露出得意的神色。诸大臣都很奇怪，问他上面写的是什么，他只字不提，只是命人把那两个司天官召来责问："你们两人的职责是静观天象，只要略有动静，应马上上报朝廷，可是现在你们怎么想干预国家大事啊？你们的所作所为按法律应当灭族！"

两人听后非常害怕，脸色惨白，浑身发抖。

文彦博又说："我看你们只不过是自作聪明，所以不想治你们的罪，从今以后不准再如此狂妄了。"

两人连忙退出，文彦博这才取出奏疏让诸位大臣观看。

大臣们看后全都愤怒地说："这两个人如此大胆，为什么不斩首呢？"

文彦博说："把这两个人斩首，事情就会传扬开来，对皇后和在宫中养病的皇上都不是好事，一定会影响他们。"

诸位大臣连忙说："你说得有道理。"

接下来他们一同商议派遣司天官去测定六漯渠方位，文彦博便指名让那两人前去。

武继隆请求把他们留下，文彦博说道："他们只不过是小小的司天官，竟敢如此胆大妄为，议论国事，这其中一定是有人在暗中教唆！"

武继隆铁青着脸，一言不发。

那两个人到了六漯渠以后，恐怕朝廷治他们的罪，于是就改口说："六漯渠在京师的东北方向，不是正北方向，开河之事根本没有什么害处。"

后来宋仁宗的病渐渐好了，精神也渐渐地恢复，这件事就这样化于无形之中。

“群臣之亲疏，孰贤、孰不肖”，文彦博不但明察秋毫，还有一双善辨忠奸的眼睛。为了平息这场风波，他尽量把大事化小，小事化了，以免事态扩大而导致无可挽回的损失。面对两个司天官的无理，他丝毫没有动怒，而是在平静中制止了一场争斗，同时又让皇上、皇后得到了安宁，而武继隆也受到了震慑，真可谓一箭三雕。

商场如战场，想要获得成功，必定要先付出一定的代价。

辛亥革命前，是山西大德通票号最兴盛的时候，但总经理高钰没有得意忘形，而是冷静处事，凡重大进退总是三思而后行。当时，三岁的溥仪被扶上了皇帝宝座，高钰就看出天下将不安的苗头，于是在经营上采取保守的做法。稍后，革命党人在南方的活动加剧。高钰便觉得事必大变，所以采取了急流勇退的方式，迅速收敛业务。高钰的这一举措，与当时票号界的隆盛局面极不相称，受到世人的讥讽。很快，他的收敛之计刚刚就绪，辛亥革命就爆发了！于是，绝大多数票号由于准备不足，猝不及防，在挤兑风潮的袭击下纷纷关门！而在这些票号遭受这场灭顶之灾时，大德通票号却有备无患，安然渡过了这场金融风暴！

高钰的聪明之处，就在于他知道票号的经营与政局关系极大，一有大的政变，就可能引起灾难性的后果。因此，他密切关注时局的变化，以此为根据决定自己的经营策略，显然这是一种十分明智的做法。

人是社会性的动物，社会环境对于个人和企业的发展具有重要的影响。人们一般用“天时、地利、人和”来对社会环境加以概括。对于渴望成功的人而言，这三者都是需要加以考虑的因素。鬼谷子这里所说的“量权”，是需要下大功夫的。

2. 往而极其欲，往而极其恶

“揣情者，必以其甚喜之时，往而极其欲也；其有欲也，不能隐其情。必以其甚惧之时，往而极其恶也；其有恶也，不能隐其情”是告诉我们要把握好揣情的时机，大喜、大惧的时候是最好的时机，我们要善于在对方最高兴的时候去加大他们的欲望，在对方最恐惧的时候去加重他们的恐惧，从而让对方将实情暴露出来。

有时候，把握住了对方的恐惧心理，不妨再“危言耸听”一番，即以恐吓的手段刺激对方，人一旦受到这种刺激，往往会因为恐惧而心慌意乱，失掉原来的立场，进而答应你所提出的要求。

春秋战国时期，秦国宰相范雎受到秦昭襄王的充分信任，在内政和外交上为秦国做出了很大贡献，使秦国在当时建立了霸主地位。他的权势不仅在秦国国内，对其他诸侯亦有很大影响力。

但是，在他为相的后几年，出现了令范雎“惧而不知所措”的事情。事情发生在他为相的第七年，由他所推荐而被提拔为将军的郑安平，在和赵国的一次征战中苦战不敌、率兵投降。过了两年，他所推荐的河东太守王稽，又因私通诸侯被诛。按照秦国当时的法律，投降和私通外邦都是重罪，而推荐者也须连坐，就是说推荐者和犯罪者一样，也得被诛杀头。只是由于他深受昭襄王信任，才被豁免，存得一命。

相继发生的这两件事，使得范雎心里留下了很深的伤痕，也使他感到恐惧和不安。 这个消息很快传开了，那些早已虎视眈眈等候时机的各国说客们莫不大感兴奋。

燕国有一位名叫蔡泽的说客听到这一消息认为“机不可失”，于是立即动身前往秦国。 一到秦国，他便托人介绍，晋见范雎。 游说的人以及被游说的人都是说客出身。 蔡泽现在的情形和 15 年前范雎的经历大同小异，这使得范雎不禁产生了一种沧桑之感。 他苦笑着接见了蔡泽。

蔡泽说道：“史书上有记载：‘成功者不可久处。’你该趁这个时机辞去相位才算聪明，这样人们才会赞誉你的清廉如同赞誉伯夷，同时你也才能够保持长寿如同赤松子（仙人名，相传为神农时雨师）。 如果你只知晋升不知隐退，只知伸不知屈，只知往不知退，必然会带给自己祸害。 这个比喻，请您三思。”

范雎答应着说：“善。 吾闻‘欲而不知止，则失其所欲；有而不知止，则失其所有。’先生幸教，睢敬受命。”

几天之后，范雎进朝，推荐蔡泽，而自求隐退。 昭襄王挽留他，但范雎辞意坚定，并假托重病在身，最后终获应允。

这个故事中的蔡泽正是应用了“以其甚惧之时，往而极其恶”的策略，这在今天的推销领域也非常适用。

顾客是销售人员要攻克的堡垒，销售人员需要做的是抓住他们内心最柔软的部分，然后狠狠地出击。 目前，越来越多的企业都在利用顾客的不安全感、恐惧感来展开营销。 比如保险公司会对你描述你失业或得绝症之后的后果有多么多么的可怕，而你投资一项保险业务之后又会有多好、多大的保障，等等。这种事不胜枚举。

不仅仅是“往而极其恶”可以作为销售的手段，“以其甚喜之时，往而极其欲”同样可以。

有个商人到小镇去推销鱼缸，尽管鱼缸做工精细，造型精巧，但问津者寥寥。商人尝试了很多促销手段，都没有什么效果。有一天，他突发奇想，跑到花鸟市场以低价买了500尾小金鱼，来到穿镇而过的水渠上游，把这500尾金鱼都投了进去，于是小渠里有了一尾尾漂亮、活泼的小金鱼，这条消息很快就传遍了小镇！镇上的人们争先恐后地涌到渠边，许多人跳到渠里，小心翼翼地捕捉小金鱼。捕到小金鱼的人，立刻兴高采烈地去买鱼缸；那些还没捕到的人，也纷纷拥上街头抢购鱼缸。大家都兴奋地想：“既然渠里有了金鱼，虽然自己今天没捕到，但总有一天会捕到的，那么鱼缸早晚能派上用场。”卖鱼缸的商人趁机把售价不断地抬高，几千个鱼缸还是很快就被人们抢购一空。这个聪明的商人利用人们贪小便宜和爱凑热闹的弱点，耍了点小手段，于是人们就心甘情愿地把钱送上了门。

所以说，鬼谷子老先生“往而极其欲，往而极其恶”的方法是非常具有现实意义的。

3. 更问其所亲，知其所安

鬼谷子是见缝插针的行家，他强调游说要抓住对方“甚喜”“甚惧”两个时机，如果对方不为所动，不要再对他说什么了，而应改向他所亲近的人去游说。这样就可以知道他安然不为所动的原因。这里，鬼谷子是以对方亲近的人作为突破口。

有一本书中曾提到，在航空业刚刚兴起的时候，美国某航空公司发觉乘客几乎都是在不得已的情况下，才肯搭乘飞机。起初，他们认为这是“怕死”的心理在作祟，因此，花了庞大的宣传费，强调飞机的安全可靠，可惜并未收到预期的效果。于是，这家航空公司决定进行调查，并聘请著名的心理学家狄希特博士主持这项工作。

狄希特博士先就经常搭乘飞机的旅客做了一项假想测验，请教他们：“如果获悉自己的座机即将撞山而毁时，首先闪入脑海的景象是什么呢？”调查的结果显示，这些旅客所关心的并非自己的生死问题，而是亲人将如何接受这个不幸的消息，即面临死亡的威胁，乘客想到的是爱人如何自处，如有的脑海中浮现自己的太太声泪俱下地说：“就是这么傻，如果听我的话，搭火车去不就没事了。”等等如此情景。

航空公司按照这个结论，对“家属”展开了宣传攻势。宣传单上告诉为人妻者：“若让先生搭乘飞机，他会在最短的时间回到你的身边。”同时，还举办“全家同游”的活动，使一些家庭主妇也能享受搭乘飞机旅游的乐趣。航空公司利用宣传以说服乘客的背后权威人物——家属，而避免了直接游说乘客时可能遭受的困扰，公司的业务果然大为改观。

可见，在求人办事时，如果所求之人对你根本没有好感，就应把求人的重点放在与对方非常亲近，而且在对方心中占有非常重要地位的人身上。向这个人发起感情攻势，使这个人欠你的情，事情就好办了。

例如旧上海的黑社会头子杜月笙，他能在上海滩崭露头角，“枕边风”就帮了他很大忙。刚出道时，杜月笙头脑机灵，办事老练，苦于没有出人头地的机会。后来他投靠黄金荣，在黄府做了一名打杂的仆役，混在用人之中，生活倒也安稳。杜月笙存心要飞黄腾达，不甘为人下。因此，他“眼观六路、耳听八方”，处处谨慎，把分配给自己的活做得又快又好，但他地位太低，还拍不上黄金荣的马屁。好在他常与黄金荣的贴身奴仆接触，靠此机会百般讨好，黄公馆上上下下对他都有好感。

终于，机会来了！

有一次，黄金荣的老婆林桂生得病，经久不好，求神占卜，提出要年轻力壮的小伙子看护，据说可以取其阳气，杜月笙是被选中的一个。

这个时候，黄金荣正宠爱林桂生，杜月笙善于察言观色，又善于动脑筋，马上想到这林桂生的枕边风不亚于台风中心，威力强大，拍不上黄金荣的马屁，拍林桂生的马屁更有效，何况，异性相吸，这马屁又容易拍些。

于是，杜月笙“衣不解带，食不甘味”，十二分尽力侍候林桂生。别人照顾，无非是随叫随到或陪坐一旁，杜月笙则全神贯注，不但照顾周到，而且能使林桂生摆脱烦恼，心情愉快，林桂生往往尚未开口，他已知道林桂生要什么东西，林桂生想到的，他想到了，有些林桂生没有想到的，他也想到了，把林桂生服侍得心花怒放，引他为贴己心腹。

在林桂生枕边风的吹动下，黄金荣终于将当时法租界的赌场之一——公兴俱乐部交给杜月笙经管。

需要注意的是，求人办事并不总是在熟人之间进行，有时不得不闯入陌生人的领地。进入一个陌生的家庭环境里，想要迅速打开局面，人们眼光总是寻求理想的“突破口”。有了“突破口”，便可以点带面或由此及彼地铺展发挥开去，从而实现目的。前面所说，对方的“红颜知己”固然是一个极好的目标，同时，老人和小孩也是一个理想的“突破口”。

第一，老人、小孩容易接近。

老人因体力虚乏，在家休养，或因年岁高而退职在家，工作是没的做，家务是不让做，话是心里有而没处说，因此常常显得孤寂。如果有人主动接近老人，哪怕是暂时地解除老人的孤寂，老人自然非常乐意。而小孩天真纯朴，喜新好奇爱动：一句唐诗、一段故事、一个鬼脸、一声哄捧就能很快赢得小孩亲近。

第二，通过老人、小孩，可以融洽全家。

一家之中，老人是长者。而中国人有敬老、尊老、孝老的传统。假如老人心悦神怡，全家随之活跃和愉快。中国人又十分看重传宗接代的希望——小孩，视小孩为家庭的未来，祖辈如此，父辈更甚。况且现代家庭小孩多是“独苗”，家里人更是哄捧宠爱，如果能和小孩玩在一块，家长自然会对你另眼相看。

4. 以其见者，知其隐者

“故常必以其见者，而知其隐者。此所谓测深揣情。”是说揣情要善于察言观色，从对方的外在表现探测其内心深藏的思想感情。

为人处世，最重要的本领之一就是察言观色。不清楚对方心里想什么，就无法把话说到对方的心里去，做事情当然就无法取得满意的结果。要想把事情做好，就一定要在洞察人心、揣摩人意上多下功夫，正所谓“进门看脸色，出门观天色”。一个人的情绪和心理往往会通过面部表情表现出来。懂得察言观色的人，往往可以通过对方的一句话、一个眼神就读懂对方的心意，从而随机应变、见机行事，办起事情来自然也就得心应手、游刃有余了。

不过，倘若对方是个喜怒不形于色、城府很深的人，或者从正面不方便下手，那么直接从正面察言观色往往就会收效甚微，此时不妨考虑一下旁敲侧击，通过侧面的敲打来观察对方的反应，以洞悉对方的心理。

摩　篇

摩 篇

“摩”篇是“揣”篇的姊妹篇。“摩”意为研究、揣摩，推测事情。所以“摩意”就是“揣情”之术。“揣情”和“摩意”的规律，则是秘中成事。所谓“用之有道，其道必隐”，而隐微之道的关键是：“隐貌逃情，而人不知，故成事无患。”秘中成事是成就各种事业的规律，在政治、经济、军事等活动中概莫能外。

摩术

寻求琢磨外在表象的内在心理原因

我方

对方外在表象

分析其欲望

推测其内心，掌握其内在心理

隐蔽地运用这些信息做出应对

要遵循一条基本原则，就是必须在秘密中进行

就像渔翁投下钓钩、鱼饵，悄然等待鱼儿上钩

【经典原文】

摩之符也。内符者，揣之主也。用之有道，其道必隐。微摩之以其所欲，测而探之，内符必应；其应也，必有为之。故微而去之，是谓塞窌、匿端、隐貌、逃情，而人不知，故成其事而无患。摩之在此，符之在彼。从而应之，事无不可。

古之善摩者，如操钓而临深渊，饵而投之，必得鱼焉。故曰："主事日成而人不知，主兵日胜而人不畏也。"圣人谋之于阴，故曰"神"；成之于阳，故曰"明"。所谓"主事日成"者，积德也，而民安之，不知其所以利；积善也，而民道之，不知其所以然；而天下比之神明也。主兵日胜者，常战于不争不费，而民不知所以服，不知所以畏，而天下比之神明。

其摩者：有以平，有以正，有以喜，有以怒，有以名，有以行，有以廉，有以信，有以利，有以卑。平者静也，正者直也，喜者悦也，怒者动也，名者发也，行者成也，廉者洁也，信者明也，利者求也，卑者谄也。故圣人所独用者，众人皆有之，然无成功者，其用之非也。

故谋莫难于周密，说莫难于悉听，事莫难于必成；此三者摩，然后能之。故谋必欲周密，必择其所与通者说也。故曰："或结而无隙也。"夫事成必合于数，故曰："道数与时相偶者也。"说者听必合于情，故曰："情合者听。"故物归类：抱薪趋火，燥者先燃；平地注水，湿者先濡。此物类相应，于势譬犹是也，此言内符之应外摩也如是。故曰："摩之以其类，焉有不相应者？"乃摩之以其欲，焉有不听者，故曰'独行之道'。夫几者不晚，成而不抱，久而化成。"

【通俗译文】

所谓“摩”是一种与“揣情”相类似的方法。内心活动是“揣”的对象。进行“揣情”时，有“揣”的规律可依，而这些规律却是隐而不现的。适当地去“摩”时，要根据对方欲望投其所好进行测探，其内情就会通过外部形象反映出来。内在的感情要表现出来，必然要有所作为，这就是“摩”的作用。在“揣摩”之后，要适当地离开对方，像把地窖盖上一样隐藏起来，消除痕迹，伪装外表，回避实情，使人无法知道是谁办成的这件事。这样，办成了事，却不会留祸患。在此处“揣摩”对方，而要在另一处，观察对方表现，顺应事物规律，使我方“揣摩”能在对方应验，则办事无所不成。

古代善于“摩”的人，就像拿着钓钩到水潭边上去钓鱼一样。只要把带着饵食的钩投入水中，就一定可以钓到鱼。所以说，主办的事情一天天成功，却没有察觉；指挥的军队日益压倒敌军，却没人感到恐惧（才是高明的）。圣人谋划什么行动总是在暗中进行的，所以被称为“神”；而办事成功都显现在光天化日之下，所以被称为“明”。所谓“主事日成”的人是暗中积累德行，老百姓安居乐业，却不知道为什么会享受到这些好处，他们还在暗中积累善行，老百姓生活在善政中却不知道为什么会有这样的局面。人们把“谋之于阴，成之于阳”的政治策略称为“神明”。那些指挥军队而日益压倒敌人的统帅，坚持不懈地与敌军对抗，却不去争城夺地，消耗人力物力，老百姓也不知道为何敌国拜服，也不知道什么是恐惧。为此，普天下都称“谋之于阴，成之于阳”的军事策略为“神明”。

在实施“摩”时，有用和平进攻的，有用正义征服的，有用娱乐麻痹的，有用愤怒激励的，有用名望威吓的，有用行为逼迫的，有用廉洁感化的，有用信誉说服的，有用利害诱惑的，有用谦卑争取的。和平就是宁静，正义就是刚直，娱乐就是喜悦，愤怒就是威吓，名望就是声誉，行为就是实施，廉洁就是干净，信誉就是清明，利益就是求取，谦卑就是谄媚。所以，圣人所施用的“摩”之术，平常人也都可以具有，然而没有能运用成功的，那是因为他们运用不当。

因此，谋划策略，最困难的就是周到缜密；进行游说，最困难的就是让对方全部听从自己的主张；主办事，最困难的就是必办成功。这三个方面只有成为圣人才能胜任。所以说谋划必须周到缜密，游说要选择与自己观点相通的对象。所以说：“办事情要稳健，无懈可击。”要想使所主持之事取得成功，必须有适当的方法。所以说：“客观规律是与天时互相依附的。”进行游说的人必须使自己的说辞合于情理，合情合理才有人听。世界上万事万物都有各自的规律。好比抱着柴草向烈火走去，干燥的柴草就首先着火燃烧；往平地倒水，湿的地方就要先存水。这些都是与事物的性质相适应的。以此类推，其他事物也是这样的。这就是“内符”与“外摩”相适应的道理。所以说按照事物的不同特性来实施“摩”之术，哪有不发生反应的呢？根据被游说者的欲望而施行“摩”之术，哪有不听从游说的呢？所以说只有圣人能实行揣摩之术。大凡通晓机微的人都会把握好时机，有成绩也不居功，天长日久就一定会取得成功。

【谋略精要】

1. 塞窌、匿端、隐貌、逃情，而人不知

“故微而去之，是谓塞窌、匿端、隐貌、逃情，而人不知。故能成其事而无患。摩之在此，符之在彼。从而应之，事无不可。”就是要告诉我们，要秘密地符合对方，就需要巧妙地隐藏自己的想法，不能轻易暴露自己的真实意图，在符合别人观点的前提下，揣摩对方的心境，只有这样，事情办成之后才不会留下后患，这也是“揣摩”的高明之处。

“揣情”“摩意”，常常因机而发，顺情而得。当人们明确自己的行为目的之后，即可择法而行之。而“摩”的行为方式也是有一定规律的。高明的“摩”者，善于独立思考，能辨明对方的内心欲求。能够正确把握对方的内心，利用智慧来将对方说服，完全按照自己的计划行事，这的确不是易事。然而物以类聚，人以群分，如果遵循相应的规律，从不同的思维角度去认识它，反复思量，不断探索，则往往能够驾驭他人，驾驭天下。

例如，皇帝身边如果有奸人，国家大事会常被他们干扰。要整肃国政的话，就必须清除这些奸人，这叫“清君侧”。但是，如果直接提出让皇帝赶走他身边最信赖的人(奸人往往都能够得到皇帝的信赖)，不但不会成功，而且还可能会招来杀身之祸。这时，就需要你隐藏自己的真实意图，通过巧妙的方式来达到自己的目的。

宋真宗时的王钦若是有名的奸相，为人阴险奸诈，而又善于逢迎献媚，深得真宗信任。他常常在真宗面前进谗言，中伤其他正直的人士。而被中伤者却为他的假心假意所蒙蔽，多数不知自己已被他所中伤。

契丹进犯北宋时，王钦若借口局势危急，力劝宋真宗向江南逃跑，到他的老家去建立小朝廷。寇准以其惊人的胆识和指挥若定的雄才，坚决挫败了王钦若的逃跑计划，力劝宋真宗亲征，直抵前线。王钦若也跟随宋真宗到了前线，仍旧在宋真宗面前叨咕这，叨咕那，事事掣肘寇准，干扰他抗击契丹的军国大计。寇准一直在捕捉机会，想把这个奸臣从真宗身边赶走，以清君侧。

有一天，真宗正在为人事安排发愁。他对寇准说："现在，契丹直逼城下，天雄军被隔绝在敌后。天雄军若有不测，河朔全境便会落入敌手。你看，该让谁去镇守呢？"寇准回答说："当前这种形势下，没有什么妙计可施。古人说，智将不如福将。参知政事王钦若仕途顺利，长得白白胖胖，真是福星高照。让这样一位有名的福将去镇守的话，定会吉人天相，可保万无一失。"

真宗历来看重王钦若，今天难得寇准也这样看重他，心中特别高兴，便欣然同意寇准的意见，命令寇准草拟诏书，通知王钦若上任。当寇准把真宗的旨意传达给王钦若时，王钦若吓得脸色惨白，说不出话来。他原本是个胆小鬼，只会溜须拍马，挑拨离间，哪有深入敌后去固守孤城的本领？此去准是白白送死。

寇准见他可怜兮兮的模样，便对他说："国家危急，皇上亲自挂帅出征，你是皇帝一贯倚重的执政大臣，现在正宜体贴皇上心意，为国效力。”并说：“护送你上任的部队已经集合待命，皇上指示免去了上朝告辞的礼节，让你马上出发，不可耽误军机。”说罢，举杯为王钦若饯行，祝他早日奏凯归来。

王钦若没办法，只得硬着头皮去上任。他来到驻地一看，田野全是契丹兵，王钦若哪有退敌良谋，只好堵死城门，固守待毙。

赶走王钦若后，宋军上下齐心，一致对敌，迫使契丹退兵求和，解除了宋朝开国以来最大的一次军事危机。天雄也因契丹撤军而得以解围。

2. 饵而投之，必得鱼焉

鬼谷子说：“古之善摩者，如操钓而临深渊，饵而投之，必得鱼焉。故曰：‘主事日成而人不知，主兵日胜而人不畏也。’”大意是古代善于运用“摩”术的人，就如同拿着钓钩到水边钓鱼一样。只要把鱼饵投下去，就一定可以钓到鱼。所以说，他主办的事情日益成功，而人们仍不知他是如何成功的；他指挥的军队日益压倒敌军，而人们仍不知战争的可怕。

三国时代，蜀将关羽围困魏地樊城、襄阳时，曹操想迁都，以此避开关羽的锋芒。司马懿和蒋济力劝道：“刘备和孙权表面上联盟，其实疏远。关羽得意，是孙权不愿意看到的。可以派人劝孙权攻击关羽的后方，并答应把江南一些地方分给孙权，则樊城的包围自然可以解除。”曹操用了他们的计谋，关羽终于兵败麦城，被东吴俘虏。

接下来是关于我们大家都熟知的纪晓岚巧答乾隆皇帝的故事。

纪晓岚是翰林院大学士，能言善辩，机智过人，被誉为“铁齿铜牙”。

有一天，纪晓岚陪乾隆在御花园里散步。乾隆忽然问纪晓岚：“纪爱卿，忠和孝到底应该怎么解释呀？”

纪晓岚答道：“君要臣死，臣不得不死，此为忠；父要子亡，子不得不亡，此为孝。”

乾隆一听，说：“我现在以君王的身份，要你立刻去死！”

“这——”纪晓岚慌乱了一下，随即想出一个好主意，便说：“臣遵旨！”乾隆于是好奇地问：“那你打算怎样死？”

纪晓岚显得又害怕、又紧张地小心回答：“跳河。”

乾隆一挥手，说：“好！你现在就去跳吧！”等纪晓岚走后，他便在花园里踱着步，心想纪晓岚将会如何渡过这道难关。

不一会儿，纪晓岚便跑了回来。乾隆很奇怪，就板起脸来问道：“纪爱卿，你怎么还没有去死呢？”

纪晓岚说：“我刚刚走到河边时，不料碰到了屈原，他不让我跳河寻死。”

乾隆感到更加奇怪了：“你这话是什么意思？”

“刚才我站在河边，正想跳下去。河里突然涌起了一个大漩涡。好像要有东西从水里冒出来一样。我一看，竟从中出来了一个人——投江自沉的楚国忠臣屈原。”纪晓岚一板一眼地说。

“真的吗？那他对你说了些什么呢？”乾隆明知他故弄玄虚，但仍想看看他如何作答。

纪晓岚不慌不忙地回答道：“屈原指着我问为什么要跳河，我就把刚才皇上要臣尽忠的事情告诉了他。他说：‘这就不对了！当年楚王是昏君，我不得不跳河。可是我看当今皇上是个圣明之人，不应该再有忠臣要跳河啊！你应该赶紧去问问皇上，他是不是也是昏君？如果他自认是，那时我们再做伴也不迟！’因此臣只得跑回来。”

乾隆听了，忍不住哈哈大笑：“好一个巧舌如簧的机智人物！朕算服你了。”

乾隆本想以“君叫臣死，臣不得不死”来为难纪晓岚，却没想到纪晓岚将计就计，以碰到屈原为饵下了钩。如果乾隆确实让其投河，就证明了他的昏庸；如果就此作罢，那为难纪晓岚的计谋就以失败告终。权衡利弊，乾隆也只能暗自认输。

使用“以饵投鱼”策略，能够巧妙地蒙骗住对方，借给对方一定的利益之机，使自己获得更大的利益，这在经济生活中经常碰到。

里力是美国一家口香糖公司的老板。一天，他突然对电话发生了兴趣，一个人坐在办公室里拿着纽约的电话簿悉心研究。

女秘书问道：“里力先生，你在研究什么？”

里力说：“我在研究口香糖的促销策略。现在已有了眉目，你去把各办公室的人都叫到会议室！”

原来，这个公司生产的口香糖尽管品质优良，包装精美，价格适宜，但在市场上并不畅销。原因很简单，它是新牌子，并不为人们熟悉。所以，里力准备采取“先尝后买”的推销方法。

各办公室的工作人员很快到了会议室。里力对他们说："我已调查过，纽约共有150万户居民，我打算每户居民赠送4块口香糖。"

生产部门的负责人说："那需要600万块口香糖，仓库里有现货。"

"不，还要继续准备。"里力说，"我们要赠送一段时间，使人们对我们的产品留下深刻的印象。"

生产部门遵命去做准备了。里力又对储运部门的负责人说："请各位按电话号码簿的地址，开列收糖人的姓名和地址，邮寄口香糖。"全体工作人员便整整忙了一天。

第二天，纽约各家各户不约而同地接到了里力公司赠送的口香糖，于是外出的孩子都边嚼着里力公司生产的口香糖，边吹着泡泡，一个个成了"活广告"。

隔了一天，孩子们又收到里力公司的礼品。日复一日，大家吃里力口香糖已习以为常了。这时，里力公司的口香糖不再寄来了，人们只好到各个店家去买这种口香糖。就这样，里力口香糖一下就占领了市场，成为孩子们必不可少的糖果。

"先尝后买"这种"以饵投鱼"的经营方式，并非里力的独创，但使用得如此巧妙，声势如此之大，效果如此之好，却是里力的独特之处。

3. 谋之于阴，成之于阳

鬼谷子阐释了"摩"之术的具体方法，即"谋之于阴，成之于阳”。

“摩”之术的运用必须讲究技巧，为了顺利实现“摩”之目标，就不能暴露任何蛛丝马迹。要做到这一点，往往就需要采取“声东击西”的方法。

“声东击西”，是一种忽东忽西、即打即离、制造假象、造成错觉、乘机歼灭敌人的战法。唐朝杜佑在其所著《通典》中说：“声言击东，其实击西。”在我国古代兵书中，有关“声东击西”的论述是十分丰富的。《孙子兵法·势篇》有“故善动敌者，形之，敌必从之”。《淮南子·兵略训》指出：“将欲西，而示之以东。”《百战奇略·声战》：“声东而击西，声彼而击此，使敌人不知其所备。则我所攻者，乃敌人所不守也。”《三十六计》则将“声东击西”作为胜战谋略的第六计。这一谋略的核心在于我方通过佯动、伪装攻击方向，以造成敌人的错觉，吸引与分散敌军的兵力，打乱敌人的既定部署，保证真正找准自己的进攻方向，实现出奇制胜的目的。当然，这里的“声”与“击”并不局限在东、西两面，而是可以指任何两个不同的方向、路线、目标和对象，包括南北、前后、左右等。总之，是指声言进攻或佯动一面而实际进攻另一面的策略。

声东击西关键在于“声东”能够成功。历史上，不乏战争的一方因“声东”失策而导致此谋略未能奏效的例子。这就要求人们能够采取灵活机动的战术，巧妙地制造假象，假戏真唱，惟妙惟肖，促使对手的意志发生混乱；否则，就无法达到预期的目的。同时，应该看到，声东是关键，击西是目的。没有声东的掩护，击西难以得逞。在击西时要迅速出击，打击有力，一举成功。如果不能做到这样，一旦敌方发现自己受到蒙骗，就会迅速重新调整兵力部署，以阻挡真正方向的进攻，这样，“击西”的难度就会大增，严重时还可能功亏一篑。

西汉景帝时，吴楚七国叛乱，派重兵围困汉将周亚夫坚守的城池。叛军百般辱骂挑战，周亚夫坚不与战。当叛军向城东南角落发起进攻时，周亚夫立即命令自己的军队加强西北方向的守备。很快，叛军便使用主力进攻城西北。由于周亚夫早有防备，叛军的阴谋归于失败。

可见，在使用此计时，保密与主动是处事的最高手段，不保密的等于自己不设防；被动则处处受牵制。不管在战场、商场或政治舞台上，声东击西之计都时时可见，处处可用，花样很多，只不过是有的利用得好，干得很漂亮，有的使用不当，反而弄巧成拙罢了。

4. 圣人独用

“其摩者：有以平，有以正，有以喜，有以怒，有以名，有以行，有以廉，有以信，有以利，有以卑。平者静也，正者直也，喜者悦也，怒者动也，名者发也，行者成也，廉者洁也，信者明也，利者求也，卑者谄也。故圣人所独用者，众人皆有之，然无成功者，其用之非也。”

在这里，鬼谷子阐述了实施“摩意之术”的手段。即要恰当地运用“摩意之术”，就需要掌握好“平正”“喜怒”“名行”“廉信”“利卑”等手段。

“平”，就是要让自己表现出心平气和且没有任何的追求和奢望，要让别人觉得一切都是那么的顺其自然、顺理成章，没有丝毫的歪理存在。

“正”，就是要让自己本身的正气体现出来，不存在任何的私心与杂念，毫不利己，专门利人，只有这样才不会引起他人的抵触与反感。

“喜”，就是做的事情要完全是对别人有益处的好事，这样才能讨得对方的欢心，而不至于被拒绝。

“怒”，就是当感情交流到某一程度时，将他人不高兴的事情披露出来，让其怒不可遏，在对方不能自控的时候，便可以捕捉到变化的征兆了。

“名”，就是当捕捉到变化的征兆之后，就要马上制定出相应的应变策略，然后告诉其功过是非、成败利害，再观察变化征兆，最后再制定应变策略。

“行”，就是说当事情已经发展到可以实施谋略的某种程度时，就要不失时机地大胆实施。

“廉”，就是在实施谋略的过程中，要表现出完全是为了他人着想，而不是为了一己私利，要让别人自始至终都觉得自己永远是廉洁无私的。

“信”，就是要自始至终都诚实守信，言必信，行必果。

“利”，就是从始终围绕“让别人获得好处”这个宗旨出发，让别人无法抗拒利益的诱惑。

“卑”，就是在别人面前要谦虚低调，不要锋芒毕露，争强好胜。

以上阐述的手段，似乎众人皆知，但实施起来往往是件不易之事，如果运用不得当，则会适得其反，导致失败。

机遇。 正因如此，狼才能更容易捕捉到猎物。

那什么是等待呢？ 等待就是在坚守时不任意妄为，不铤而走险，不降格以求，不随风摇摆，不违背原则，不出卖灵魂。 等待的后面是一种尊严、一种信念、一种节操、一种原则、一种大道。 等待的同时也应该是学习，是发展，是充实，是自我完善的过程。

在我们的一生中，有许多时光都是在等待中度过的。 虽然，等待的结果是未卜之事，但在等待的过程中，我们可以充实自己，积蓄足够的力量。

在成功之前，一个人要积蓄足够的力量。 一个年轻人刚踏入社会，等待他的将是数不胜数的机会，但是如果他没有足够的学识、没有捕获机会的敏锐，那么再多的机会也会和他擦肩而过。 所以，捕获机会之前，你必须学会等待，给自己创造更多成功的可能性。

全国著名的推销大师，即将告别他的推销生涯，应行业协会和社会各界的邀请，他将在该城中最大的体育馆，做告别职业生涯的演说。

那天，会场座无虚席，人们在热切地、焦急地等待着那位最伟大的推销员做精彩的演讲。当大幕徐徐拉开，舞台的正中央吊着一个巨大的铁球。为了这个铁球，台上搭起了高大的铁架。

一位老者在人们热烈的掌声中，走了出来，站在铁架的一边。他穿着一件红色的运动服，脚下是一双白色胶鞋。

人们惊奇地望着他，不知道他要做出什么举动。

这时两位工作人员，抬着一个大铁锤，放在老者的面前。主持人这时对观众讲："请两位身体强壮的人，到台上来。"好多年轻人站起来，转眼间已有两名动作快的跑到台上。

老人这时开口和他们讲规则，请他们用这个大铁锤，去敲打那个吊着的铁球，直到把它荡起来。

一个年轻人抢着拿起铁锤，拉开架势，抡起大锤，全力向那吊着的铁球砸去，一声震耳的响声，那吊球动也没动。他就用大铁锤接二连三地砸向吊球，很快他就气喘吁吁。

另一个人也不示弱，接过大铁锤把吊球打得叮当响，可是铁球仍旧一动不动。

台下逐渐没了呐喊声，观众好像认定那是没用的，就等着老人做出解释。

会场恢复了平静，老人从上衣口袋里掏出一个小锤，然后认真地，面对着那个巨大的铁球。他用小锤对着铁球"咚"地敲了一下，然后停顿一下，再一次用小锤"咚"地敲了一下。人们奇怪地看着，老人就那样"咚"地敲一下，然后停顿一下，就这样持续地做。

10 分钟过去了，20 分钟过去了，会场早已开始骚动，有的人干脆叫骂起来，人们用各种声音和动作发泄着他们的不满。老人仍然一敲一停地工作着，他好像根本没有听见人们在喊叫什么。人们开始愤然离去，会场上出现了大块大块的空缺。留下来的人们好像也喊累了，会场渐渐地安静下来。

大概在老人进行到 40 分钟的时候，坐在前面的一个妇女突然尖叫一声："球动了！"霎时间会场鸦雀无声，人们聚精会神地看着那个铁球。那球以很小的幅度动了起来，不仔细看很难察觉。老人仍旧一小锤一小锤地敲着，人们好像都听到了那小锤敲打吊球的声响。吊球在老人一锤一锤的敲打中越荡越高，它拉动着那个铁架子"哐哐"作响，它的巨大威力强烈地震撼着在场的每一个人。终于场上爆发出一阵阵热烈的掌声，在掌声中，老人转过身来，慢慢地把那把小锤揣进兜里。

老人开口讲话了，他只说了一句话："在成功的道路上，你没有耐心去等待成功的到来，那么，你只好用一生的耐心去面对失败。"

所以，要学会等待，用耐心去等待，不可心浮气躁。俗话说，饭要一口一口地吃，路要一步一步地走。一步不能登天，一口吃不出胖子。

在匆匆忙忙、风风雨雨的人生之旅中，我们难免会遇到失意碰壁后的茫然和困惑。

我们需要等待。等待，不是消极颓废，而是像狼那样整装待发；不是停滞不前，而是缜密思索，以便选准出手的最佳途径和突破口。

狼道法则

当我们面对周围不尽如人意的环境时，应正视内心的疼痛和苍白，我们要冷静下来，暂时放慢脚步。

屡败屡战：拼搏到底的狼

面对挫败，狼族的反应不是倦怠、沮丧和屈服；它们也不会像人类那样，表现出忧虑疑惑、郁郁寡欢；狼族只是重新整装待发，投入眼前的任务。

彭端淑在《为学》中讲了这样一个故事：四川边远地区有贫富悬殊的两个和尚，他们都想到南海朝圣，富和尚几年来一直打算雇船顺江而下直到南海，最终却没有去成；穷和尚只凭着一个盛水的瓶和一个讨饭的钵，步行到达了南海。

有些人认为，这说明逆境能造就人才，而顺境只能埋没人才。辩证唯物主义理论告诉我们，外因是变化的条件，内因是变化的根据，外因通过内因而起作用。逆境、顺境都是外在条件，而不是成才的主要原因，成才的关键在于主观能动性的发挥。

身处顺境的富和尚没能到达南海，而身处逆境的穷和尚却最终到达，原因何在呢？根本原因就在于穷和尚有着坚韧不拔的意志、不达目的不罢休的坚定信念。正是这种意志和信念存于心中，穷和尚才能到达南海。这也为我们学习狼性的法则提供了动力的源泉。

许多先贤都是在经历了很多苦痛的转折之后，更深刻地体会到了人生的意义之所在，依靠坚忍延续他们的生命力，写下了一篇篇传世经典，成就了许多奇功伟业。就是在这些转折中，先哲们的坚忍和坦荡，使他们的人格和思想在历史长河上空凝聚成了一股恒久的馨香；也正是这些转折，使他们的意志磨炼得更加坚忍，同时也激发了更多人的感喟。

狼的坚忍让我们看到的不只是这些。王羲之是我国历史上最杰出的书法家之一，作为中国艺术史中被尊为“书圣”的王羲之，书界赞美他“贵越群品，古今莫二，兼撮众法，备成一家”。在少年时为了能写得一手好字，他刻苦磨炼，精研笔势，独辟蹊径，坚忍而行，一直以来都是后人的楷模。在国外同样也有很多例子是狼的坚忍法则的体现。

19 世纪末，电灯、电话、电报、电唱机等电器的问世，给我们的生活带来了极大的便利和快乐。然而，这些电器都是要用电的。没有了电，这些东西就毫无价值，成了一堆废物。但当时的蓄电池使用时间却很短。爱迪生，这位举世闻名的发明家，意识到解决蓄电池“短命”问题的重要性：如果不延长蓄电池的供电时间，将会影响许多电器的使用。于是，爱迪生把研制新型蓄电池的工作排上了日程。一旦确定了目标，爱迪生就把全部的精力投入到工作中去。在他的头脑里，其他的一些事情，包括衣食住行似乎全部淡化了，只是清晰地留下研究工作。

有一天，爱迪生在家里吃饭时，突然举着刀叉的手停留在半空中，面部表情呆板。他的夫人看惯了他的这类事，知道他正考虑蓄电池的问题，便关切地问："蓄电池'短命'的原因在哪里?""毛病出在内脏。要治好它的根，看来要给它动手术了，换器官。""不是大家都认为，只能用铅和硫酸吗?"夫人脱口而出。她想了想，对她的丈夫说这种话毫无意义。他不是在许多"不可能"之中创造了奇迹吗？于是，夫人连忙纠正道："世上没有不可能的事，对吗?"爱迪生被夫人的这番话逗乐了。"是啊，世界上没有什么不可能的事，我一定要攻克这个难关。"爱迪生暗自下定决心。

问题看起来非常简单，然而，一旦做起来却是非常困难。

爱迪生和他的助手们夜以继日地做着实验。一个春天过去了，又一个春天过去了，苦战了3年，爱迪生试用了几千种材料，做了4万多次的实验，可依然没有什么收获。这时，一些冷言冷语也向他袭击而来，可爱迪生并没有理会，而是对自己的研究充满信心。

有一次，一位不怀好意的记者向爱迪生问道："请问尊敬的发明家，您花了3年时间，做了4万多次实验，都有哪些收获呢?"爱迪生笑了笑说："收获嘛，比较大，我们已经知道有好几千种材料不能用来做蓄电池。"爱迪生的回答，博得在场的人一片喝彩声。那位不怀好意的记者也被爱迪生的坚忍所感动，红着脸为爱迪生鼓掌。

凭着这种坚韧不拔的意志，爱迪生将他的实验继续下去。1904 年，爱迪生终于用氢氧化钠（烧碱）溶液代替硫酸，用镍、铁代替铅，造成世界上第一台镍铁碱电池。它的供电时间很长，爱迪生凭借自己的坚忍找出了延长蓄电池供电时间的方法。

每个人心中都存有不断向前的使命感。努力奋斗是每个人的责任，我对这样的责任怀有一份舍我其谁的信念。

生下来就一贫如洗的林肯，他这一生始终都在面对挫败，八次选举八次都落败，两次经商失败，甚至还精神崩溃过一次。“此路破败不堪又容易滑倒。我一只脚滑了跤，另一只脚也因而站不稳，但我回过气来告诉自己，这不过是滑一跤，并不是死掉爬不起来了。”在竞选参议员落败后，亚伯拉罕·林肯如是说。也正因为他根本就没有放弃，自始至终不断地向自己的目标努力，永不言败，才成了美国历史上最伟大的总统之一。

而对于那些弱者，挫折便成了他们生活中不可逾越的一道鸿沟。他们在此徘徊、唉声叹气，却没有想到这条鸿沟正是他们自己。只要征服自己，超越自我，拥有狼性般拼搏到底的精神，成功自然随之而来。但是他们没有勇气面对挫折，因而也失去了目标，自己放弃了很多本应属于自己的东西。

曾经有一位日本青年，到一家大公司去应聘，得到的消息是没有被录取。他在绝望中准备自杀，自杀未遂后才得知没被录取是由于计算机故障带来的误报。正当他接到聘书喜形于色之时，一纸解聘书又飞到他手中，说他不能很好地面对挫折，肯定不能胜任今后的工作。想想看，这位青年的成功机会就在他自己手中，他却因为承受不了挫折，不能征服自己，而让这机会从他指缝间溜走了。没有勇气接受挫折的挑战，意味着你本已积累起的成功的筹码将会失去它的分量，而新的筹码你又没有拿到，那怎么能达到成功的顶峰呢？

狼是不畏惧失败的，促使它们勇往直前的是“猎物”，它们知道如果选择了放弃，就要面临着饥饿，甚至死亡；它们更不会害怕失去，有时我们可能会认为自己遭受的挫折很大，或许有的人会说遭受的打击太沉重了，而且成功的希望也非常渺茫。但是，只要我们像狼一样锁定目标，紧随目标，凭着坚忍的承受力，我们就还有希望，“猎物”就不会逃出我们的掌心。

狼道法则

在狼族的词典里，永远没有“失败”和“放弃”两个词。面对失败，狼族会运用经历了时间考验的技能，再加上它们从挫折中学到的知识，投入眼前的猎物，深信在第 10 次、第 11 次甚至第 12 次失败后，胜利终将来临。

第二章

坚持本色，超越自我：

相信自己是世界上独一无二的头狼

改变本色是成大事者的忌讳

在一个狼群内部，每一只狼都具有自己独特的声音，这声音与群体内其他成员的声音都不同。

虽然每只狼的叫声独特，但是，当狼群深情地嚎叫时，它们却成为一个最完美的整体。狼群虽然有严格的等级制度，也是最注重整体的物种，但这丝毫不妨碍它们个性的发展和展示。即使是具有最大权力的头狼，也没有权力要求其他的狼模仿自己的声音嚎叫，也没有权力要求其他的狼模仿自己的行为。

老牧民圣地亚哥最喜欢听狼嚎。在月明星稀的深夜，狼群发出一声声凄厉、哀婉的嚎叫，老人经常为此泪流满面。他认为那是来自天堂的声音，因为那声音能震撼人们的心灵，让人们感受到生命的存在。老人说："我认识这个草原上所有的狼群，但并不是从形体上区分它们，而是通过声音——狼群在夜晚的嚎叫。每个狼群都是一个优秀的合唱团，并且它们都有各自的特点以区别其他的狼群。在许多人看来，狼群的嚎叫并没有区别，可是我的确听出了不同狼群的不同声音。”

狼群在白天或者捕猎时很少发出声音，但它们却喜欢在夜晚仰着头对着天空嚎叫。对于狼群的嚎叫，许多动物学家都进行过研究，但都不能确定这种嚎叫的意义。也许是对生命孤独的感慨，也许是通过嚎叫表明自身的存在，也许仅仅是深情的歌唱——一种艺术行为。

在狼群中，每一只狼都要尊重其他狼的嚎叫，因为尊重个体的本色是狼一贯的风格。

爱默生在他的短文《自我信赖》中说过：

一个人总有一天会明白，嫉妒是无用的，而模仿他人无异于自杀。因为不论好坏，人只有自己才能帮助自己，只有耕种自己的田地，才能收获自家的玉米。上天赋予你的能力是独一无二的，只有当你自己努力尝试和运用时，才知道这份能力到底是什么。

另一位诗人道格拉斯·马洛奇是这么说的：

如果你不能成为山巅上一棵挺拔的松树，就做一棵山谷中的灌木吧！

但要做一棵溪边最好的灌木。

如果你不能成为一棵参天大树，

那就做一片灌木丛林吧！
如果你不能成为一丛灌木，
何妨就做一棵小草，给道路带来一点儿生气？
你如果做不了麋鹿，
就做一条小鱼也不错，
但要是湖中最活泼的一条！
我们不能都做船长，总得有人当船员，
不过每人都得各司其职。
不管是大事还是小事，
我们总得完成分内的工作。
做不了大路，何不做条羊肠小道？
不能成为太阳，又何妨当颗星星！
成败不在于大小——
只在于你是否已竭尽所能。

正如世上没有两片完全相同的树叶一样，在这个世界上，也没有两个人是完全相同的。遗传学告诉我们，人是由父亲和母亲各自的23条染色体组合而成，这46条染色体决定了这个人的遗传基因，每一条染色体中都有许许多多的基因，任何单一基因都足以改变一个人的一生。事实上，人类生命的形成是一种令人敬畏的奥妙。

我们每一个人都是崭新的、独一无二的。如果我们要独立自主，想发展自己的特点，只有靠自己。但这并不表示我们一定要标新立异，并不是说我们要奇装异服或是举止怪诞。事实上，只要我们在遵守团体规则的前提下保持自我本色，不人云亦云，不亦步亦趋，就会成为我们自己。

一个人放弃自我本色意味着什么？ 意味着模仿别人，跟在别人的屁股后面转，这样就把别人的特色误以为是自己应该追逐的东西，而渐渐失去自我。 放弃自我、模仿他人是成大事者的忌讳。

“做你自己！”这是美国作曲家欧文·柏林给后来的作曲家乔治·格希文的忠告。柏林与格希文第一次会面时，已声誉卓越，而格希文当时只是个默默无名的年轻作曲家。柏林很欣赏格希文的才华，并且以格希文所能赚的三倍薪水请他做音乐秘书。可是柏林也劝告格希文：“不要接受这份工作，如果你接受了，最多只能成为欧文·柏林第二。要是你能坚持下去，有一天，你会成为第一流的格希文。”

格希文接受了忠告，终于成为美国当代作曲家。

即使成名人物如查理·卓别林在未出道前也曾放弃过自我。 卓别林开始拍片时，导演要他模仿当时的著名影星，结果他一事无成，直到他开始塑造出自己的风格，做回自己，才渐成大事。 鲍勃·霍伯也有类似的经验，他以前有许多年都在模仿他人唱歌跳舞，直到他发挥了自己机智幽默的特色才真正走红。

当玛丽·马克布莱德第一次上电台时，她试着模仿一位爱尔兰明星，但没有成功。 直到她还自己以本来面目——一位由密苏里州来的乡村姑娘，才成为纽约市最红的广播明星。

美国乡村乐歌手吉瑞·奥特利未成名前一直想改掉自己的得克萨斯口音，打扮得也像个城市人，他还对外宣称自己是纽约人，结果只招来别人背后的讪笑。后来他开始重拾三弦琴，演唱乡村歌曲，才奠定他在影片及广播中最受欢迎的牛仔地位。

狼道法则

在遵守团体规则的前提下保持自我本色，不人云亦云，不亦步亦趋。在工作中，我们也应该保持自己的特性，唱自己、画自己、做自己，让自己的独特价值在职场上得以体现。

追求个性才能获得创造性成功

每只小狼在开始学习生存技能时，总会被培养成与众不同的个性，而每种个性都会为整个狼族的生存贡献不同的力量。

有这么一只狼，总喜欢独往，经常冒险，但又非常聪明，几乎每次外出都能捕得猎物。有一次，它胆大妄为，在大白天便潜入到有人放牧的羊群中。它利用中午猎人与猎狗休息松懈的机会，借助草丛、灌木做掩护，潜行到羊群的附近。突然一个急冲，便扑倒了一只羊，迅速掏开腹腔，吞食着内脏。眨眼工夫已经大快朵颐，把肚子撑得圆了起来。待牧羊人反应过来时，这条狼开始逃跑了，但它被包围了。这时狼弓腰收腹，吐出了一部分刚刚才吞下去的鲜肉，减轻了自身负担，然后猛回头，再次冲向羊群。羊群吓得四散奔逃，干扰了人和狗的视线和去路，狼终于又一次成功逃脱。群狼中的首领——头狼对于这只独狼的行为持默许的态度。因为它不仅分担了群狼捕食时的压力，有时还会为狼群带回猎物，并成为这群狼中的一个特立独行者。

在狼群的每次战斗前，头狼总对不同的狼分配不同的任务，是迷惑对方还是伏击对方，是冲在前面还是负责掩护，完全根据每只狼的个性而定。狼的个性不同所拥有的地位也不同。

一位生物学家在澳大利亚的高原上研究狼群，发现每个狼群都有一个半径 15 千米的活动圈。把三个狼群的活动圈微缩到图纸上，便会发现一个有趣的现象：三个圆圈是交叉的，既不隔绝，又不完全相融。狼群在划分地盘时，留有一个公共区域。相交部分为它们提供了杂交的可能性，不相交部分又使它们保有自己的独立性。这充分说明了狼是一种十分独立的动物。

彼得·克拉克曾说："狼非常有个性。就像对人类进行的研究一样，有的狼一直在帮助其他的狼，有的则懒散，有的则喜欢到处游荡，有些则不与其他的狼来往。即使在同一狼群中，你也会看到各种不同的个性。"

人也是如此，人也要有自己的个性，工作也要有自己的特色。

我们知道现在的流行歌手，由唱片公司一手打造形象，就连笑容何时出现，也由公司决定。不过王菲可是最出名的例外，她不喜欢迎合媒体，也不会刻意讨好歌迷或媒体，但她特立独行的行为却为她赢得了大批忠实的歌迷。

王菲在1987年前往香港发展，一开始人生地不熟，她也不会说广东话。在学了两年声乐后，老师将她推荐给新艺宝唱片公司。新艺宝在1989年替王菲出了第一张专辑，1990年又出了两张专辑，这三张专辑都有不错的成绩。不过当时王菲的专辑一定程度上说还是唱片公司精心包装的产品，艺名“王靖雯”也是讨好市场的步骤之一。

成名之后，王菲自己一个人来到美国学习和游览了好几个月。王菲常在外国的街头闲逛，参观博物馆，泡咖啡馆，认识了许多奇怪但是看来很有自信的人。王菲开始醒悟，原来她也和这些人一样，要独立而自信。

她决定转型。回到香港后，因为有过去销售量的支持，王菲与唱片公司沟通，给她自主的空间，也找来过去的合作对象制作专辑，而对演唱会的歌单、配乐、舞台与服装设计，也提出了自己意见。之后，王菲继续以特立独行的性格，自在地穿梭在歌手、作词者、作曲者、唱片制作人、广告明星和电影演员等不同角色之间。王菲受欢迎的程度只增未减，创造了一个实力偶像神话。

精密包装、讨好市场，这或许是成功的一种方式，但这种毫无个性、毫无新意的方式并非成功的必要前提，坚持自己独立的个性或许能让人耳目一新，取得创造性成功。 王菲的成名告诉了我们这一点。

特立独行的人不迷信命运天定，更不迷信成功法则，他们相信每个人都有自己的做人方式，只要找到属于自己的那种方式，那么成功就会像加减运算那样简便可得。

每个人都有自己的思考方式和做事方式，当一个人不受环境左右而能把自己与众不同的想法付诸实践，他才能成就自己的一番事业。

狼可杀不可养

一只瘦弱的老狼拖着疲惫的步子走到一座村庄旁边，看见一条壮硕的大狗。狗问狼："老兄，你怎么成这么个落魄的样子了？"狼叹了口气，说："现在生存下来可真难啊，食物难找，有时候拼了老命也弄不到一口吃的。而且草原上阴晴不定，夏天热得要死，冬天又冷得要命。这些还都好，最可怕的是还要时时防备猎人设下的陷阱，一不小心，连命都没了。我长这么大，连个安稳觉都没睡过。"

狗听了以后惊讶地说："啊？那我可就幸福多了，住在一年四季都温暖如春的房子里，而且天天都有好吃的，从来不用担心肚子的问题。"狼的眼睛都亮了，羡慕地说："那你一定要为主人做很多事情吧？"狗骄傲地说："什么也不用做，只要主人摸我的时候，我把头靠上去，摇两下尾巴就可以了。你如果愿意，我可以把你介绍给主人。"狼高兴地刚要答应，却发现狗的脖子上有一条细细的铁链，一直延伸到狗窝旁边的一根木桩上，铁链周围的毛都已经被磨掉了很多。

“那里是……”狼疑惑地问。

“没什么，要知道，想生活好是需要一定代价的，这点儿不算什么。”狗无所谓地说。

这时候，远处响起人的脚步声，狼站起来，往树林当中跑去。

狗赶忙问：“别跑啊，我还没跟你介绍我的主人呢!”

“还是算了吧，如果用宝贵的自由去换取安逸，我还不如在丛林中受点儿苦。”狼头也不回地消失在丛林当中。

骨子里，狼就是自由的动物。自由的天性或天性的自由，已成为它们不可更移或改变的高贵基因。

“生命诚可贵，爱情价更高。若为自由故，二者皆可抛。”通俗易懂的一首诗，却充分表达出自由在人们心目中的地位及人类对自由的追求。匈牙利著名诗人裴多菲的诗已脍炙人口，它之所以广为人知，相信其中的一个原因莫过于写出了人们对自由追求的那种执着和义无反顾的精神。有多少人热爱自由、渴望自由？又有多少人为了自由置生命、爱情于不顾！让我们感念近代的先辈、先烈们！是他们，为了国家、民族的独立、自由，投身于轰轰烈烈的革命浪潮当中。谭嗣同、林觉民、孙中山、闻一多、李大钊……这许许多多的中华儿女，为了使祖国摆脱列强的压迫，抵抗帝国主义的侵略，义无反顾地用生命承担起扭转祖国命运、救民众于水火之中的重任。他们是值得我们赞美、值得我们缅怀的，特别是在我国日益强盛的今天，缅怀他们，就是为了不忘过去，不忘落后就要挨打的教训。

狼不会为了嗟来之食而不顾尊严地向人摇头摆尾。因为狼知道，虽不能有傲气，但绝不可无骨气，所以，狼有时也会独自高唱自由之歌——自由是一种心态，自由是一种境界。无自由，毋宁死!

狼道法则

人类从诞生到现在，经过了上百万年的时间，人类的发展史就是一部追求自由、创造自由的历史。人类从茹毛饮血到生火煮食，从住洞穴到建房子，从步行到坐车，都源于对自由的追求。

以命搏食，自尊独立的生存信条

狼将以命搏食作为其生存的重要信条，狼的自尊注定了它们不会像家狗一样向主人摇尾乞食，它们不会接受别人的施舍，永远保持自己尊贵的独立。狼是一种有傲骨的动物，而身为万物之灵长的人更应该有傲骨。在狼的意识里，食物是要靠自己拼抢来的，它们不会接受别人的施舍，从不乞求别人的怜悯，宁肯饥肠辘辘，宁可冻饿而死，这就是狼睥睨一切的尊贵。狼在以死拼食的性格中，似乎有一种更为特立独行、桀骜不驯的精神在支撑着它。这份精神，就是尊严。

尊严是做人的基本准则，是为人处世的底线，它就像人的脊梁，可使人昂首挺立，亦可使人颔首弓腰。没有了尊严的人就如同没有了脊梁的身体，就算还是个人，却没有了立身做人的骨气。

尊严是我们的幸福不可或缺的元素，活着而没有尊严，那就等同于行尸走肉。因此，现实中，人们会拼命维护自己的尊严。尊严就像是成功的一把钥匙，我们手里握着钥匙，就会觉得有希望，即使在打开那扇门之前遇到再多的困难和失败，我们都不会退缩。

有一年的冬天，美国南部的一个小镇上忽然来了一大群逃难的流亡者。小镇的镇长为这些流离失所的人送去衣物和干粮。这些流亡者，在外面风餐露宿了很久，他们接到东西，连一句感谢的话语也来不及说，就个个狼吞虎咽，大口大口地吃起来。

其中有一个例外的人，当镇长将食物送到他的面前时，这个脸色苍白、骨瘦如柴的人问：“先生，吃您这么多东西，您有什么活儿需要我做吗？”镇长想，给一个流亡者一顿果腹的饮食，每一个善良的人都会这么做。于是他说：“不，我没有什么活儿需要您来做。”

那个流亡者的目光顿时暗下去了，他硕大的喉结剧烈地颤动着说：“先生，那我便不能随便吃您的东西，我不能没有经过劳动，便平白得到这些东西！”镇长想了想又说：“我想起来了，我家确实有一些活儿需要您帮忙。不过，等您吃过饭后，我就给您派活儿。”

“不，我现在就做活儿，等做完了您的活儿，我再吃这些东西！”那个青年站起来说。镇长十分赞赏地望着这个青年人，但他知道这个年轻人已经两天没吃东西了，又走了这么远的路，可是不给他做些活儿，他是不会吃下这些东西的。镇长思忖片刻说：“小伙子，你愿意为我捏一捏肩膀吗？”说着，就蹲在那个青年人跟前。青年人只好也蹲下来，十分认真而细致地给镇长轻轻地捏肩膀。

捏了几分钟，镇长十分惬意地站起来说：“好了，小伙子，你捏得棒极了，刚才我的肩还一直酸，可现在舒服极了。”镇长说完，将食物递给那个青年人。青年人立刻狼吞虎咽地吃起来。镇长微笑着注视着那个青年说：“小伙子，我的工厂现在太需要人手了，如果你愿意留下来的话，那我可就太高兴了。”

那个青年人留了下来，并很快成了工厂里的一把好手。过了三年，镇长还把自己唯一的女儿许配给了他，镇长对女儿说：“别看他现在什么都没有，但他一定会成为一个富翁，因为他有尊严！”

多年后，那个青年如镇长预期的一样拥有了一笔让大多数美国人都羡慕的财富。

正是那份在困境中依然没有放弃的尊严让这个年轻人取得了成功。一个人的尊严是最可贵的，失去的东西可以再重新获得，但失去了尊严就只剩下一副躯壳了，那么还谈什么成功呢？

有尊严是成功的前提，然而，尊严要以独立为前提。因为独立的个人才会有所作为，独立的国家才会不受欺负，实现繁荣富强。

易卜生先生曾经说过：“世界上最坚强的人就是独立的人。”独立代表了我们对生活的掌控，我们在生活中的独立，意味着我们对生活的把握和规划，我们是生活的主人，而不是依附于它，或者事事依附于别人。此外，对于一个人而言，还有另一种更为重要的独立，那就是思想上的独立，不附

◆ 人要捍卫自己的尊严 ◆

人须自重，一味迁就别人反而会被欺负，这样并不利于发展建立在尊重基础上的人际关系。你若不卑不亢，敢于捍卫自身的尊严和权利，自然会得到他人的敬佩。

和别人的想法，不盲从他人的思路，无论是生活上还是为人处世上，都有自己冷静而清醒的认识和思考。有了思想上的独立，我们生活中的独立才更有意义。思想决定了我们的行为，同时也完善着我们的人生。

在当今社会，市场竞争让我们所面临的困难和挑战是难以想象的，我们只有像狼那样，永远保持一份尊贵的独立，即使在最难熬的黑夜也咬牙坚持下去，我们早晚会看到属于自己的胜利曙光。

我们的内心深处都有着一份像狼一样尊贵的独立，在生活中，我们也同样拿出"以命拼食"的劲头向前冲，总有一天我们会握到胜利女神的双手，获得世界的尊重。

人活于世，都想自己获得别人的尊重，然而被人尊重的前提一定是自尊、独立。

第三章

狼亦有情，人岂能无义：狼族肝胆相照的铁血丹心

狼岂能无义，把忠诚浇铸在脊骨里

毫无疑问，狼是一种和人类一样有着深厚情感的动物，甚至有时候狼与狼之间所表现出的情意和忠诚是人类所不及的，尤其是在生死攸关的时刻。

狼的忠诚众所皆知，下面一个关于狼与人之间忠诚的实例，能让我们真切地感觉到狼的可贵品质。

> 有一个人长期在阿拉斯加研究狼群，他认识一对夫妻及两个小孩儿，这一家人住在一个非常偏僻的地区，并且是住在他们亲手建造的圆木小屋中。这个家庭中还包括两匹狼，这两只狼从小被这对夫妻养大。母狼被人射杀，而可怜的小狼就被这对夫妻带回家抚养。它们认同的家庭，就是这个四口之家再加上自己，它们认为人类就是它们的同类。
>
> 有一天，这对夫妇到离家约一千米的地方去伐木，留在家里的两个小男孩儿不小心弄倒了煤油灯（那儿没

有电），猛烈的大火开始吞噬木质的建筑。父母距离他们太远了，两个小男孩儿身陷火海。这时，两只狼竟然不顾烟雾与恐惧，立刻冲入火海般的木屋中，将两名小男孩儿救到安全的地方。

忠诚对于我们并不陌生，中华民族悠久灿烂的古代文明，为后世的我们留下了取之不尽的精神财富。先辈们的人格魅力和品质素养经过千年的积淀，形成了今天中华民族伟大的品格。张骞出使西域、鉴真东渡，他们所具有的忠诚品质无不让人敬佩。

忠诚是人们在这个社会上生存的资本，只有“我口言我心”的人才能找到真正的自我。对个人来说，忠诚可以让你拥有很多朋友，能让你与其他人友好相处，最终为自己带来成功；对于一个团队而言，忠诚的意义在于它能够使整个团队无论从形式上，还是从实质上都成为一个有机整体，并且能够形成巨大的整合力，重新锻炼一些忠诚度低的员工，提高他们的忠诚度。现代企业，无论是发展还是变革，都离不开员工的忠诚。忠诚是共同努力的基础，它不仅能提高整个团队的战斗力，还能够让团队获得持久的生命力。

美国作家阿尔伯特·哈伯德是《把信送给加西亚》的作者，在一次公开演讲时，讲述了他几周前到一个国家的某个小镇的一次经历：

我们参观了那里的法庭、第一国家银行、砖场、医院和监狱。之后，他们带我参观了当地的水电站。那是一个壮观的钢混结构工程，大部分的时间都利用水力发电。

水电站的负责人是一个年方21岁的年轻人。我注意到他的纽扣处别着一枚发光的朱庇特徽章，所以我们的话题就从朱庇特开始了。

我注意到通往水电站的公路旁250米处有一条砖路，这个年轻的负责人无意中提到，那是他和他的工友们一起铺筑的。他开玩笑说，他们这样做仅仅是为了消磨时间。

通常，那样的工作都是交由包工队完成的，但我发现在这里却是由这个年轻人掌控着全局，他很有经济头脑。

我问了他几个问题，诸如他是哪里人等，但他微笑着将话题避开，然后又将我的注意力拉回到他们新引进的发电机上。在回城的路上，一个组委会官员对我说："你最好注意一下那个年轻的孩子，他3年前才来到这里的，当时我们正在建设发电厂，包工头就雇用了他当他们的送水员，而第二周，他就当上了计时员。"

一天晚上，老板看到他撕开几米长的红色法兰绒布，然后将它们包在日光灯上，看起来他们没有足够的红灯照明。他很抱歉地解释说，他们没有足够的资金购买相应的设备以替换已损坏的那些。

这就是他所有的回答，他从不多说什么无益的话，但他总是能将事情做得很好。他总是早上很早便来到电厂上班，而且往往是晚上最后一个离开。

他在水电厂勤勤恳恳地工作了一年，当包工队将要离开的时候，这个小伙子已经当上了包工队的老板助理。

每次老板去芝加哥开会的时候，都会把所有的权力交到他的手上。没有什么所谓的任命，他就那么自然而然地临时接替了老板的职务。

看完阿尔伯特·哈伯德的这一段经历，你是否有所感触呢？是的，一个人的忠诚源自他的内心，正如有人说："忠诚是血液里流出来的秉性。"

忠诚是一种人格特质，它能给人带来一种自我满足感，更加懂得自重，它是时时刻刻都伴随着我们的精神力量。

哈伯德先生说："在这个世界上，并不缺乏有能力的人，那种既有能力又忠诚的人才是每一个企业需求的最理想的人才。那些忠诚于老板、忠诚于企业的员工，都是努力工作、没有任何借口的员工，他们的忠诚会让他们达到我们想象不到的高度。"

随着时代的变迁，许多东西会流逝变化，但闪烁在人性中最真实的东西、最可贵的品质是不会变的，相反，它会随着岁月的流逝更加弥足珍贵。忠诚就是具有这一特性的高贵品质。

狼道法则

忠诚是员工的责任，凝结在汗水里；忠诚是员工的义务，沉浸在奉献里；忠诚是员工的操守，融化在血肉里；忠诚是员工的品格，浇铸在脊骨里。

狼坚守信义，绝不损人以利己

在狼的生命中，没有“背信弃义”这个词，一个群体中的狼，即使是遇到危难时刻，也绝不会丢下同伴，“义”字在狼的身上体现得淋漓尽致。

在北美的原始森林里生活着一群狼。一天，有两只狼结伴外出狩猎，大雪过后的森林几乎没有任何动物出来觅食，它们就这样没有目的地四处寻找着。突然，其中一只狼发现前面有一溜兔子留下的脚印，于是它开始顺着这些痕迹追踪至一棵大树下。就在它仔细分辨脚印的去向时，一不小心触到了猎人专门为捕捉野兽而设下的捕兽钢夹。这只狼的前腿被牢牢地夹住，夹子上面粗大的钢针一下子刺穿了它的肌肉。随着一声凄厉的嚎叫，在附近狩猎的另一只狼迅速跑了过来，见此情景，它围着受伤的狼焦躁地转了一圈又一圈，不停地用前爪试探着钢夹，试图打开它救出同伴。

在这个过程中，施救的狼不断地警惕着四周，以防猎人在此刻巡查。它在通过一次次努力都宣告失败后，痛苦地望着同伴。受伤的狼非常绝望，随着时间的流逝，危险也在步步逼近，当施救的狼再次试图营救时，受伤的同伴向它发出了愤怒的吼叫。施救的狼明白，这是同伴让它远离危险的信号。

此时，它们都很清楚，在这里多待一分钟就接近死亡一分钟，因为猎人随时有可能发现它们。就这样，它们彼此默默守望着对方，受伤的狼越发不安起来，它的眼睛充满了忧伤和愤怒，喉咙不时地发出沉闷的低啸，督促着同伴赶快离开，但施救的狼始终不肯离去。

这时，令人震撼的一幕发生了。只见受伤的狼张开大口，用自己锋利的牙齿狠狠地咬向被钢夹夹住的前腿，希望舍弃自己的一条腿来换取自己和同伴的生命。由于失血过多，这一举动显得有些无力，它把目光投向了同伴。显然，施救的狼被这一幕惊呆了。少顷，它明白了受伤同伴的意思。为了能够活命，它在受伤同伴的鼓励下，一口咬断了同伴被夹住的前腿，随后，一起离开了危险的境地。

狼与狼之间的义气，让我们看到了一种至高的境界。 在这个物欲横流的世界里，我们已很少有过这样的感动。

职场上，我们听到不少的尔虞我诈：为了升职，一些人可以置同事的情谊于不顾；为了利益，甚至把人与人之间的信义抛到脑后。 在这些例子里，职场似乎是冷漠无情的世界。

很多人，为了满足自己的欲求，会坚守所有对他们有利的权利；对于会损害到自己利益的事，一件也不肯做。在今日的社会，这种倾向越来越明显。

同事、朋友之间，义气为先，如果能顾全彼此的情谊，就可以使对方感受到你对他的奉献精神，对方对你也会真心相待，从而达到职场上的双赢。

工作主要是为了谋生，谋求自己的利益并没有错误，但是如果时时事事采取利己主义，在职场的为人处世中，一定会失败。这种利己心理谁都会有，但是如果我们能稍微改变一下做法，不一味只想着自己的利益，我们的人际关系就会大有改善。你帮别人获得利益，最终这个利益还是会由你获得。这种“先义后利”的观念，是追求良好人际关系所不可缺少的。

狼道法则

在做事情之前，先考虑别人的利益。要有服务别人的意识，等别人获得了利益之后，再谋求自己的利益。

狼爱憎分明：播撒爱心，收获责任

狼天生就是一种爱憎分明的动物，狼族的亲情与博爱在草原上人人皆知。

狼的忠诚信义、狼的知恩图报、狼的坚贞不渝、狼的自我牺牲、狼所付出的爱，让人为之心动！由于人们一向对狼怀有误解，才认为狼残忍凶暴，根本不会产生爱。

> 一只小狼跑进了灌木丛，开始寻找它最隐蔽的藏身处。它四处游荡，最后沿着小溪，走到了一个宽阔的峡谷中。突然，草丛中蹿出了一只狼，是只母狼，很像它的母亲，但毕竟有些不同，是只陌生狼。老狼跳起来扑向这只小狼，这个漂泊的小家伙本能地倒在了地上。毫无疑问，老狼按照自然界适者生存的规律，把这只小狼当作了猎物。但是，它立刻就闻到了小狼身上的气味，放松了已经扑上去的两条前腿。它低头看着这只小狼，看了好一会儿。小狼惊恐地趴在它的脚下，杀死这只小狼的冲动，或者至少是给小狼一个惊吓的想法，莫名其

妙地消失了。小狼身上有一股浓烈的气味，它自己的孩子正和小狼一样大小，它的心被感动了。当小狼有足够的胆量抬起鼻子闻它的时候，它没有生气的表示，只是发出了一声短短的半带着同情的吼声。

……

陌生狼就是敌人。老狼从洞里冲出来保卫家园的时候，又一次遇到了这只小狼。小狼身上的气味又一次感染了它，它不能狠下心来把小狼赶走。

……

小狼最终为自己找到了一个养母，这是它一生中最大的幸福。

也许，从狼的身上我们能读懂爱的另一层含义，并努力去寻找曾经缺失的爱。

爱具有无与伦比的力量，它能使人敞开心扉。人的一生应该是施与爱的一生，只有这样，我们才能活出真正的自我，获得一个充实而美好的人生。我们要用全身心的爱来迎接今天，对一切都满怀爱心，这样我们才能获得新生。

高尔基曾经说过：“一个人只有爱着什么的时候，才能活下去。如果什么也不爱，那他活着还有什么意义呢？”

2005 年深秋的一个下午，北京王府井大街地下通道里一对求助的母子，吸引了不少路人的目光。孩子已经有四五岁，但是身体孱弱，头部大得出奇，活动也不太方便。母亲专注地照顾着怀中的孩子，似乎对身边的其他事物并不关心，偶尔有好心的路人给他们留下钱物，

◆ 懂得感恩的人更易成功 ◆

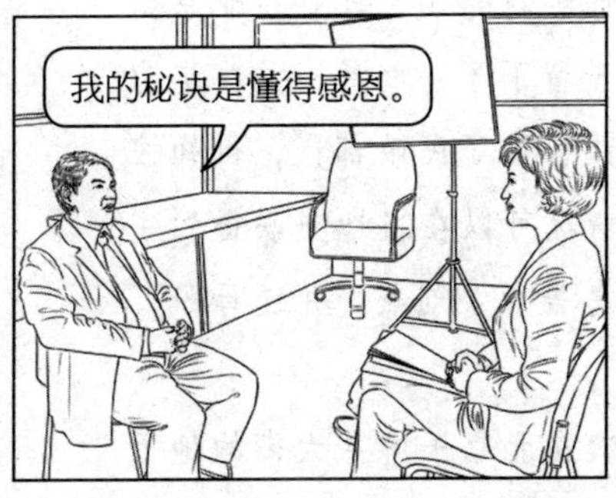

常怀感恩之心的人具有一种人格魅力，让人想要靠近，想和他们多接触。这种感恩带来了许多朋友与难得的机遇。感恩之心是每个人行走于世间不可缺少的美德。

母亲也没有什么反应，表情有些茫然。

中国平安保险的营销员王娟当天碰巧路过时看到了这对母子，便上前询问二人的情况。原来这对母子是贵阳人，妈妈叫刘燕，孩子叫小伟。小伟出生后不久便患了脑积水，由于所居住的县城医疗条件有限，得不到很好的医治，只好到北京求医。小伟曾经在北京一家医院动过一次手术，但是后来的状况并不好。刘燕想为孩子继续治病，无奈家里的积蓄已经花光了，只好在北京街头乞讨寻求帮助。王娟给母子留下了一些钱，并决定为他们提供一些帮助。随后王娟咨询了民政部门，得知按照现行的相关政策，小伟的情况可以在当地残联得到一定的救助，于是便把这一信息告诉了刘燕，并送母子二人回了贵阳。

然而一年之后，王娟再次在北京王府井大街的地下通道里遇到了母子二人。原来，在这一年中，小伟的病情逐渐加重，由于脑部受到积水挤压，已经影响了发育，四肢不能正常活动，连进食时的吞咽都非常艰难。之前为小伟动过手术的大夫告诉刘燕，目前找不到更好的办法，劝她放弃治疗。但刘燕并没有就此放弃，她坚信有一天小伟会康复，能像其他孩子一样，自己吃饭，自己玩耍。

同样身为母亲的王娟被刘燕深深打动，她向公司寻求帮助。公司的伙伴们得知这一情况后，也被小伟的不幸遭遇所打动，纷纷伸出了援助之手。通过联系，北京天坛医院为小伟重新做了一次检查，并准备制订进一步的治疗方案。在公司和同事的帮助下，王娟开始在中保网和博客网上筹划小伟的“爱心专栏”，呼吁更多的好心人为小伟提供帮助。

爱是生命中最好的养料，只要有爱就有彩虹，生命就有希望。虽然不是每个人都能成为名人英雄，但是，每个人都可以像王娟那样，在生活、工作中用点滴的关怀付出爱、播撒爱。

爱是尘世的幸福，或是创造尘世幸福的力量。如果你的心灵枯萎了、死亡了，那么医治它的唯一药剂便是爱。爱的奇妙和伟大之处就在于它能激发人们的热情、智慧和勇气。人是渺小的，但爱的力量却无与伦比，强大时可以支配一切、改变一切。

它能够使苦变甜，使忧变喜，使无为变有为，使弱者敢于藐视强者，使孤独者乐于拥抱世界。

有所爱的人是幸福的，因为他们的生活是有激情的，因为他们的心灵是有寄托的。拥有爱就等于拥有了一切！

狼道法则

爱生活，爱他人，爱自己，爱世上所有的一切。对一切美好事物的热爱，会使你产生努力活下去的好心情，会使你的人生发生更大的转变。

执子之手，与子偕老

在狼族凶残的背后，狼的奉献、狼的忠诚、狼的知恩图报、狼的护崽母性、狼的助老哺幼、狼的家族亲情，等等，甚至超过了人类。狼可以说是全心全意地献身于家庭的。它们有灵敏纤细的感觉，能够察觉家庭其他成员的需要。狼对伴侣极度忠诚，对于爱侣充满深情，它们绝不会吝于付出情感。

“生命诚可贵，爱情价更高。”持有这种恋爱观的人，才能享受到爱情的真境界。

我们喜欢“牵手”这个朴素而有动感的词，爱的真谛，尽在其中；爱的温馨，扑面而来。伸出手去，牵住的不仅是另一只手，而且是一个跟自己的生命一样重要的人。牵手时，有一种拥有的愉快，也有一种沉重厚实的责任感。《诗经》中有这样的句子：“死生契阔，与子成说。执子之手，与子偕老。”

夫妻间应该多一些欣赏。皮格马利翁的故事值得夫妻们反复重温。

很久很久以前，塞浦路斯有一个名叫皮格马利翁的国王，善雕刻，他十分欣赏自己精心制作的爱情雕像，欣赏她每一个部位，欣赏她迷人的表情，以至于爱上了她。皮格马利翁恳求维纳斯，请她为自己所欣赏、钟爱的石制雕像赋予生命。最后，国王和自己的作品喜结鸾凤。婚后，皮格马利翁从对妻子的欣赏中获得了艺术的力量。后来，萧伯纳借用这个美好的故事编写了名叫《皮格马利翁》的戏剧及《我美丽的小姐》的音乐剧。在这两个剧本中一个名叫伊里莎·杜丽特尔的暴虐、孤僻的女人，被一位教师和他的欣赏训练成了美丽而迷人的姑娘。

由此可见，夫妻双方在婚后没有理由要将婚前对对方的欣赏收回，更不能因缔结婚姻而忽视用欣赏来巩固爱情、增进感情。因欣赏而吸引、相恋、结合可能是短暂的，因欣赏而使夫妻相敬如宾、恩恩爱爱、甜甜蜜蜜却是永久的。生活中，夫妻间把对方的一次称赞、一个眼神、一个微笑储留心底。妻子的几句赞美，毫无疑问将大大调动丈夫洗衣做饭的积极性，尽管他洗的衣服领口、袖口还脏，他做的饭菜咸得难以入口。当妻子默默地挑着生活的重担，或白菜咽饭或咸菜就馍，却把煮熟的鸡蛋悄悄塞进丈夫的衣袋时，丈夫切莫将其简单地归结为“中国女性传统美德”而处之泰然，而应该对妻子的关心赠之以欣赏、报之以爱抚。

曾经有一对人人羡慕的恩爱夫妻，一起走过了50个春秋，而彼此感情依旧。50年的时光竟不能让他们的爱情有一丝的褪色，反而越来越炽烈。他们的那些为家庭矛盾困惑的朋友很是不解，便向他们询问：50多年的相随岁月，如何走过来？她答一个“忍”字；而他呢，答一个“让”字。

听在追求自我的年青一代耳中，简直不可思议！如此忍让度一生，人生还有什么乐趣？生命还有什么意义？

若再追问，忍字头上一把刀，难啊！她说：“一点儿不难嘛，凡事多替他想想，不就没怨没气了？”问他该怎么让，他说：“很简单啊，她喜欢的事，就让她去做，总得给她一片自己的天空。”

在他们庆祝金婚的庆典上，来宾请他们发表一下携手半世纪的感想。一向谨言慎行的他，站起来，看着她，慢慢地说：“我们结婚时，她19岁，我现在看她，好像还是19岁那时的模样。”

他说得是那样坦然自在，在他和妻子凝视的目光里，来宾们明白了什么叫50年的爱情。大厅里响起一阵热烈的掌声，久久不息。

爱情的艺术在很大程度上说也就是理解，但这并不是全部，还有就是容忍。

追求理解，寻找知音——其实上帝造出男人和女人是为了让他们相互爱恋、相互扶持，在人生的路上相濡以沫。

有人说过，爱情像一笔存款，相互欣赏是收入，相互摩擦是支出，相互忍让是节约开支。这样的比喻是十分形象与贴切的。

幸福是一种感觉，相爱是快乐的，相守是幸福的。下面一个真实的故事，会让我们从中体味到什么是相濡以沫的幸福。

傍晚，李强看见一个小伙子正吃力地背着个姑娘上天桥，额上渗出细密的汗珠儿，他赶快过去帮着搀扶，问小伙子：“她生病了吧？我帮你叫车送医院。”

来到天桥上，姑娘忽然大笑起来，小伙子忙向他道歉：“对不起，谢谢您，我们在玩游戏。”

“什么？”

姑娘好半天才停住笑，告诉他说今天是他们结婚3周年纪念日，他们特意请假出来逛街。“他没有钱，我不要他买什么礼物，但他有力气，所以要他背我上天桥，才背3个来回，就累了，将来结婚30周年，我让他背30个来回，累死他那把老骨头……”姑娘趴在小伙儿肩上又笑了起来。

向来以为，浪漫必定和鲜花、烛光、音乐相连，却不知道世上还有这样一种别致的浪漫。

婚姻生活本来就是平淡的，它是由一个个平淡的爱的细节组成的。相濡以沫就是，将每一个生活细节都演绎得爱意融融，都注入关爱的心意，那么，这样的婚姻，平淡也是浪漫，艰苦也能甜美。

爱情代表着真善美的崇高境界。爱情净化了相爱的人的心灵，同时也为双方带来一种甜蜜的责任——忠诚。爱一个人应是真诚的，不是儿戏，需要爱的双方彼此珍视。

在与伴侣相处时要有情有义，这和人类通常以为的狼心狗肺、冷血无情截然相反。其实，狼尚且如此，何况人类？

第四章

锁定目标，专心致志：

狼族不达目标不罢休的战斗毅力

狂奔着的狼的前方必定有猎物

狼的生活就是生存，而狼的目标就是猎物，自然猎物就成了狼奋斗的动力。狼为了生存则练就了自己出众的奔跑能力。

关于狼奔跑的速度，美国探险家安德柳斯有一段精彩描述。安德柳斯于 1918 年在亚洲草原旅途中，遇到了狼，并开车进行了追踪：

> 当时，一只狼突然出现在草坡上。狼注视了我们片刻，然后矫健地跑起来。地面又滑又硬，我们的车时速 64 千米，眼看快追上狼了，但是狼和我们赛起跑来，和我们的距离始终保持在 5 千米左右。
>
> 狼悠然地疾跑着，时而停下来，回头朝我们张望。但是，几分钟后，它醒悟到这好奇心可能会带来危险，便使劲快跑起来。由于路面不平坦，汽车的时速已经到了最大限度的 64 千米。和狼的距离只差 1 千米左右，我

◆ 不达目的誓不罢休 ◆

人要具有不达目的誓不罢休的精神。人人都想要成功，但大多数都因为看不到成功的希望而选择中途放弃，也就无法获得胜利。只有那些朝着目标不断进取的人，才能最终得偿所愿。

们拼命地追赶。而狼的时速似乎不到48千米。我们中的一个人，探出身子打了一枪，狼猛地一转身，没等汽车掉过头来，它已经跑出了300米开外。不久又快追上了，这回遇到了一个小丘。狼站在小丘上，疲惫不堪地垂着头，肚子一鼓一鼓的。然而令人吃惊的是，汽车刚要停的时候，它又一阵风似的跑远了。最后又追了5千米后，我们终于来到了戈壁滩。但是，狼没有发出一声哀叫，英勇奋战，实际上，它是20千米赛跑中的赢家。

在这个世界上有这样一种现象，那就是“没有目标的人在为有目标的人达到目标”。因为有明确、具体的目标的人就好像有罗盘的船只一样。

安利事业部创始人之一、拥有200万员工的跨国企业的领袖理查·狄维士先生说过，没有目标的人生是没有希望的。只有设定了目标，人生才会有意义。

有个年轻人去采访塞缪尔·斯迈尔斯博士。斯迈尔斯博士是美国哈佛大学的心理学教授，虽然已经70岁高龄了，却有着相当年轻的体态。

“我在许多年前遇到过一个中国老人，”斯迈尔斯博士缓缓地说道，“那是‘二战’期间，我在远东地区的俘虏集中营里。那里的情况很糟，简直叫人无法忍受，食物短缺，没有干净的水，放眼所及全是患痢疾、疟疾等疾病的人。有些战俘在烈日下无法忍受身体和心理上的折磨，对他们来说，死已经变成最好的解脱。我自己也想过一死了之。但是有一天，一个人的出现激发了我的求生意念——一个中国老人。”年轻人被斯迈尔斯博士的讲述深深地打动了。“那天我坐在囚犯放风的广场上，身心俱疲。我心里正想着，要爬上通了电的围篱自杀是多么容易的事。过了一会儿，我发现身旁坐了个中国老人，我因为太虚弱了，恍惚中还以为是自己的幻觉。毕竟，在日本的战俘营区里，怎么可能出现一个中国人？他转过头来问了我一个问题，一个非常简单的问题，却救了我的命。”年轻人马上提出自己的疑惑：“是什么样的问题可以救人一命呢?”“他问的问题是，”斯迈尔斯博士继续说，“‘你从这里出去之后，第一件想做的事情是什么?’这是我从来没想过的问题，也是我从来不敢想的。但是我心里却有答案，我要再看看我的太太和孩子们。突然间，我认为自己必须活下去，这件事情值得我活着回去做。那个问题救了我一命，因为它给了我某个我已经失去的东西——活下去的理由！从那时起，活下去变得不再那么困难了，因为我知道，我每多活一天，就离战争结束近一点儿，也离我的梦想近一点儿。中国老人的问题不只救了我的命，它还教给我从来没学过却是最重要的一课。”“是什么?”年轻人问。“目标的力量。”“目标?”“是的，目标、企图、值得奋斗的事。”

狼道法则

职场上乃至人生中，目标都是很重要的，似灯塔指引奋斗的方向。目标给了我们生活的目的和意义。

锁定目标就等于锁定了结果

狼的狩猎原则是始终将自己的精力集中在那些能促成它们实现目标的行动上，因此，狼群从来不会漫无目的地围着某一个猎物乱跑、尖声狂吠，它们的目标从来都是精确无误的。

我们在制定自己的目标时，也要有狼的这种智慧，切忌目标过空、脱离实际。我们只有锁定目标，才有达成愿望取得成功的可能。

爱因斯坦被誉为20世纪最伟大的科学家，他之所以能够取得令人瞩目的成绩，和他一生具有明确的奋斗目标是分不开的。

爱因斯坦出生在德国一个贫苦的犹太家庭，家庭经济条件不好，小学、中学的学习成绩一般，他进行自我分析：自己虽然总成绩平平，但对物理和数学兴趣浓厚，成绩较好，为何不向物理和数学方面发展呢？因而他读大学时选读瑞士苏黎世联邦理工学院物理学专业。

由于奋斗目标选得准确，爱因斯坦的个人潜能就得以充分发挥，他在26岁时就发表了科研论文《分子尺度的新测定》，以后几年他又相继发表了四篇重要科学论文，发展了普朗克的量子概念，提出了光量子除了有波的性状外，还具有粒子的特性，圆满地解释了光电效应，宣告狭义相对论的建立和人类对宇宙认识的重大变革，取得了前所未有的显著成就。可见，爱因斯坦确立目标的重要性。假如他当年把自己的目标确立在文学上或音乐上（他曾是音乐爱好者），恐怕就难以取得像在物理学上那么辉煌的成就了。

特别值得一提的是，爱因斯坦不但有可贵的自知之明，而且对已确立的目标矢志不渝。1952年以色列鉴于爱因斯坦科学成就卓越，声望颇高，加上他又是犹太人，当该国第一任总统魏茨曼逝世后，邀请他接受总统职务，他却婉言谢绝了，并坦然承认自己不适合担任这一职务。确实，爱因斯坦是一位伟大的科学家，如果他当上总统，则未必会有多大建树，因为他未显示过这方面的才华，又未曾为此目标努力和奋斗过。

在人生的竞赛场上，没有确立明确目标的人，是不容易得到成功的。许多人不乏信心、能力、智力，只是没有确立目标或没有选准目标，所以没有走上成功的道路。道理很简单，正如一个百发百中的神枪手，如果他漫无目标地乱射，就不能在比赛中获胜。

人的目标确立若要做到科学、准确，就须及时、准确地捕捉信息，且要有足够的信息量。一个人的志向与奋斗目标是一致的，选择奋斗目标时，必须首先了解自己最佳的才能、性格气质、思维特征、中心兴趣以及社会需求、本职工作、成才环境等多种因素。

我们要使自己成为一个目标明确的人必须要注意下列几点：

第一，制定目标。明确自己近期要完成的任务，分析自己性格、所处环境的优势和劣势，职场中可能遇到的机遇与挑战，制订一份详细的执行计划。

第二，长期和短期的目标。根据你的实际情况，在长期目标的基础上，你可以制定短期目标来一步步实现。

第三，找出阻碍。确切地说，写下阻碍你达到目标的缺点与不足。这些缺点一定是和你的目标有联系的，而不是分析自己所有的缺点。它们可能是你的素质、知识、能力、创造力、财力或是行为习惯等方面的不足。当你发现自己的不足时，就下决心改正它，这能使你不断进步。

第四，提升计划。在实现目标的过程中，你可能会需要掌握某些新的技能、提高某些技能或学习新的知识。

第五，寻求帮助。外力的协助和监督会帮你更有效地完成这一步骤。

第六，专注目标。不达目标不罢休，这是实现目标最可贵的品质。

我们做任何事情都要有明确的目标，并有达到目标的计划。例如早上开始工作时，如果不确定当天的工作计划，就很容易像无头苍蝇一样，不知道自己将要飞往何处，把时间浪费在不该做的事情上。有目标才能减少干扰，把自己的精力放在最重要的事情上，快速而有效地解决问题。

在人生的每一个关键时刻，要审慎运用智慧，做最正确的判断，选择正确方向，并及时检视选择的角度，适时调整。放弃无谓的固执，冷静地用开放的胸怀做出正确的选择。正确无误的抉择将使你走在通往成功的坦途上。

那些成功的人，他们总是在一开始时就确立了最终目标，因而总是能事半功倍，能卓越而高效。

职场上有所成就的人最明显的特征就是，在做事之前就清楚地知道自己要达到一个什么样的目的，清楚为了达到这样的目的，哪些事是必需的，哪些事往往看起来必不可少，其实是无足轻重的。

心无旁骛，专注是狼族生存的重要技巧

狼，最矢志不渝的猎杀者，一旦下定决心，它的追杀便是被猎者的催命符，很少有猎物能从狼嘴下脱身。这种不达目的不罢休的本性，让每一个对手都感到震撼。心无旁骛、专心致志，有计划地锁定目标、分割目标，也是每一位职场员工的成功法则。

有一位父亲带着三个孩子，到沙漠去猎杀骆驼。他们到达了目的地。父亲问老大："你看到了什么？"老大回答："我看到了猎枪、骆驼，还有一望无际的沙漠。"父亲摇摇头说："不对。"父亲以同样的问题问老二。老二回答说："我看到了爸爸、大哥、弟弟、猎枪，还有沙漠。"父亲又摇摇头说："不对。"父亲又以同样的问题问老三。老三回答："我只看到了骆驼。"父亲高兴地说："答对了。"

朝三暮四是人们骨子里的一种劣性。我们常常在做事情

之前不能为自己设立唯一的明确目标，眼中满是诱人的目标，前进中也就有了很多的行动方向，常常在选择的岔路口不知所措。一会儿想做这个，还没做完又想起了那个，结果总在许多件事情之间徘徊，任何一件事都没能圆满完成。如果在做事之初，眼中就只有一个目标，就能够在最短的时间内积聚最大的力量，向着一个明确的方向前进。

关于“关注”，下面老者捕蝉的故事已给出了很好的阐释。

孔子带领学生去楚国采风。他们一行从树林中走出来，看见一位驼背翁正在捕蝉。他拿着竹竿粘捕树上的蝉，就像在地上拾取东西一样自如。

“老先生捕蝉的技术真高超。”孔子恭敬地对老翁表示称赞后问，“您对捕蝉想必是有什么妙法吧？”

“方法肯定是有的，我练捕蝉五六个月后，在竿上垒放两粒黏丸而不掉下，蝉便很少逃脱；如垒三粒黏丸仍不落地，蝉十有八九会被捕住；如能将五粒黏丸垒在竹竿上，捕蝉就会像在地上拾东西一样简单容易了。”

捕蝉翁说到此处，捋捋胡须，开始对孔子的学生们传授经验。他说：“捕蝉首先要先练站功和臂力。捕蝉时身体定在那里，要像竖立的树桩那样纹丝不动；竹竿从胳膊上伸出去，要像枯树枝一样不颤抖。另外，注意力高度集中，无论天大地广、万物繁多，在我心里只有蝉的翅膀。我专心致志，神情专一。精神到了这番境界，捕起蝉来，还能不手到擒来、得心应手吗？”

大家听完驼背老人捕蝉的经验之谈，无不感慨万分。孔子对身边的弟子深有感触地说：“神情专注，专心致志，才能出神入化、得心应手。捕蝉老翁讲的可是做人办事的大道理啊！”

老者捕蝉的故事向我们昭示了一个真理：对工作专心致志，心无旁骛，才能出色地完成工作。专注是成功的资本。

有个初中毕业的荷兰农民，无法在大城市里找到适合的工作，便回到了小镇上。小镇也没有太好的工作适合他这样的初中毕业生，实在没有办法，他只有到镇政府去看大门。

看门人的工作太清闲了，简直就和发呆没什么两样，他又太年轻了，漫长的岁月靠什么去打发呢？

他考虑来考虑去，决定选择既费时又费工的打磨镜片作为自己的业余爱好。不紧不慢、不慌不忙沉着性子地打磨，不但能磨好镜片，性子也在打磨中像水一般柔软了。

日复一日，月复一月，年复一年。春花开了谢，雪花飘了化。就这样他磨呀磨，不知不觉已经磨了60年！从一个小青年变成了一位老者。60多年的风霜染白了他的鬓角与眉梢。踏踏实实的60年，他从未离开过小镇，小镇以外的精彩似乎引不起他的任何兴趣。

靠着他的专注认真和耐心细致，他的技术早超过了专业技师，他磨出的复合镜片的放大倍数，比别人的都要高。

拿着自己研磨的镜片，他终于发现当时科技界尚未知晓的另一个广阔的世界——微生物世界。这在当时足以令整个世界震惊！

从此，他声名大振。为了表彰他为人类做出的杰出贡献，只有初中文化的他，被授予了在他看来遥不可及的巴黎科学院院士的头衔！就连英国女王都感到惊奇，不远万里来小镇上拜会他。

这是一个真实的故事。创造这个奇迹的，一生只磨镜片的小人物，就是科学史上大名鼎鼎、活了90岁的荷兰科学家安东尼·列文虎克！

马克思认为，研究学问，必须在某处突破一点。歌德曾这样劝告他的学生："一个人不能骑两匹马，骑上这匹，就要丢掉那匹。聪明人会把凡是分散精力的要求置之度外，只专心致志地去学一门，学一门就要把它学好。"

而生活的辩证法同时也告诉我们，越是那些在事业上取得巨大成就的人，往往越具有那种除了追求完整的意志以外把一切都忘掉的热忱。著名雕刻大师罗丹追求艺术生命的专注精神，无疑是最好的例证。

一天，罗丹的一位奥地利朋友去拜访他，临走前，罗丹把朋友带到工作室。

在他的工作室，有着大窗户的简朴的屋子里，有完成的雕像，许许多多小塑样——一只胳膊、一只手，有的只是一个手指或者指节，有他已动工而搁下的雕像，还有堆着草图的桌子。这是他一生为了不断追求而劳作的地方。

罗丹罩上了粗布工作衫，好像变成了一个工人。他在一个台架前停下："这是我的近作。"他说完，就把湿布揭开，现出一座女正身像。

"这已完工了。"奥地利朋友想。

罗丹退后一步，仔细地看着，但是在审视片刻之后，他低语了一句："这肩上线条还是太粗，对不起……"他拿起刮刀、木刀片轻轻滑过软和的黏土，给肌肉一种更柔美的光泽。他健壮的手动起来了，他的眼睛闪耀着。"还有那里……还有那里……"他又修改了一下，走回去，把台架转过来，含糊地吐着奇异的喉音。时而，他的眼睛高兴得发亮；时而，他的双眉苦恼地蹙着。他捏好小块的黏土，粘在像的身上，再刮开一些。

这样过了半小时、一小时……他没有再向奥地利朋友说过一句话。他忘掉了一切，除了他要创造的更崇高的形体的意象。他专注于他的工作，犹如创世之初的上帝。

最后，他扔下刮刀，以一个男子把披肩披到他情人肩上的那种温存关怀般地把湿布蒙上女正身像。然后，他转身要走。

在他快走到门口之前，看见了奥地利朋友。他凝视着朋友，就在那时他才记起："对不起，先生，我完全把你忘记了，可是你知道……"

奥地利朋友握着他的手，感慨地紧握着。也许罗丹已领悟朋友所感受到的，因为在他们走出屋子时他微笑了，用手抚着朋友的肩头。

再没有什么像亲眼见到一个人全然忘记时间、地点与世界那样使人感动。那时，那位奥地利人领悟到一切艺术与伟业的奥妙——专心、完成或大或小的事业的全力集中、把易于松散的意志贯注在一件事情上的本领。

我们都希望自己的一生能有所成就，专心致志、心无旁骛是学有所成的必要条件。每个人的精力都是有限的，只有当他全神贯注于某件事时，他才会在这方面取得成绩。从艺术的角度来说，专注者，必能创作不朽的作品；从商业的角度来讲，专注者，必能占领市场；从成败的角度来说，专注者，必定是永远的成功者。

狼道法则

专一的目标、敏锐的观察力、默契的配合、强烈的好奇心以及锲而不舍的耐心，共同构成了狼的生存哲学。而在狼所具备的成功品质中，值得我们重视以及学习的就是狼的“专注”。遍地撒种不一定遍地开花，要想做好一件事，最好的办法是专心只做这一件事。只有专注于一个目标，才能聚集更大的力量前进。

想抓住机遇，需要主动出击

海洋的深处有一种鱼，它们总是在岩石的后面张开大嘴，等待着小鱼小虾送上门，这样的捕食方式只能维持基本的生存，它们始终处于一种活着但饥饿的状态；老虎、狮子等一般的食肉动物都有一个属于自己的领地，它们虽然凶猛，却一直在这个领地内活动，直到自己老死也不会离开；而狼却不同，它们在自己固定活动范围的基础上不断扩张，四处追击，不断寻求新的捕猎机会，以预防和应对食物紧缺的状况。

> 亚历山大在某次战役结束后，让部队进行短暂的休整。有个士兵问他："我们是不是等待机会来临时，才去进攻另一个城市？"亚历山大回答道："等待？机会不是靠等的，而是要我们自己去创造的！"

善于创造机会，正是亚历山大取得胜利的法宝。只有懂得积极主动去创造机会的人，才有可能轰轰烈烈地做出一番事业。

社会学家托尼·坎波罗说：“我们正处于一个过分看重物质的年代，而且感情上也在逐渐退化乃至坏死。我们不再手舞足蹈，缺乏生机与活力。”这种消极被动的状态是不利于我们成长并发展的。只有以积极主动的态度对待一切，才能有一种蓬勃的动力，才能散发出无穷的魅力，使机遇不请自来。

不管是对个人来说，还是对一个企业来说，积极和热情都是很重要的，它是努力工作的原动力，是事业成功的源泉。只有对自己的事业拥有无与伦比的激情，并且让别人看到你的热情，通过你的热情感染别人，才会有所收获。

英特尔公司总裁安迪·葛洛夫在对加州大学伯克利分校毕业生演讲时，对职业心态问题有独特的见解，他说：“不管你在哪里工作，都别把自己当成员工——应该把公司看作自己开的一样。”这就要求我们主动以老板的角度去考虑问题，以主人翁的心态去工作，不能投机取巧，不要仅仅把工作当作一种谋生的手段，也不是只把自己当作打工者，而是要全身心地投入到工作中，发挥自己的创造性，付出自己相应的努力，并且愿意为工作做出牺牲。只有这样，你才能获得领导的赏识，取得一定的成就。

虽然不能保证拥有了某种态度就一定能成功，但成功的人们绝不会用消极悲观的心态面对生活、面对工作。每个人的经历与能力不同，也许我们永远都成为不了比尔·盖茨，但是拥有了积极主动的心态，我们就拥有了更多的机会、更多成功的可能。

很多人常常抱怨自己抓不住机会：“为什么没有苹果掉到我的头上，那样我就能发现万有引力了；为什么水壶的水开没让我赶上，那样我就能发明蒸汽机了。为什么含有珍珠的巨贝没有在我家旁边的海湾？为什么千里马就可以遇到伯乐，而我却总是怀才不遇呢？”

不妨试想一下，如果上帝把一个苹果掉落在你的头上，你是会抱怨砸痛自己的头呢，还是垂青于苹果的美味呢？你会像牛顿一样思考为什么苹果会往下落吗？如果你也看到水开了，是不安地走开还是吩咐别人来提水壶？你会思考壶盖跳动的原因吗？如果在你必经的道路上出现一颗珍珠，你会埋怨它挡住了你的去路，还是会把它像皮球一样踢走？你会发现它的可贵之处吗？如果你已经具备了千里马的本领，那么是否会像其他马儿一样，主动地去推销自己，寻求伯乐呢？

有这样一个故事：

> 有个青年整天都在祈祷：“上帝啊，请你保佑我中个大奖吧。”可是，很多年过去了，这个青年依旧一贫如洗，什么奖都没中。有一天，他终于忍不住了，向上帝抱怨道：“都说你能听见人的祈祷，但是我祈祷了这么多年，你为什么就不能帮我实现这个愿望呢？”
>
> “我可以帮你实现，但是至少，你也要买张彩票吧！”上帝回答道。

所以，不要抱怨别人没有给你机会，机会是要自己争取的。不同的人面对相同的事情，身在相同的境地，所看到的东西、做的事情都是不同的。有的人能从绝境中看到希望和曙光；有的人却是一味地挑剔，只看到对自己不利的形势。

美国的一家皮鞋公司为了拓展业务，分别派出两个推销员到非洲某国家去考察市场。

一个月之后，两个推销员相继回来，谈到是否有市场时，第一个人垂头丧气地说：“我看还是算了吧，那里的人根本不穿鞋子，要想开展业务举步维艰啊！”而第二个人却笑容满面地说：“我们发现了一个新大陆，那里的人都没有鞋子，一旦让他们明白穿鞋子的作用与好处，我们肯定会销量大好！”

公司对第二个人的考查很满意，并让他在那里开设了一家分厂，果然，取得了很好的业绩。

拿破仑曾经说过：“弱者等待机会，强者创造机会。”我们要善于从事情中看到机会，主动地去寻求机会，发挥自身的创造力，而不是守株待兔、坐井观天，让机会从自己身边溜走。

一个年轻人到山上去向一个武术高人拜师学艺，经过了十几年的艰苦训练，年轻人终于可以学成下山了。临行前，他毕恭毕敬地让师父给他上最后一课。

这个著名的武术家并没有像平时一样教他功夫，而是问了他一个问题：“如果你面对一个极强的高手，根本发现不了他的任何破绽，你会选择什么方式打败他?”

年轻人想了想回答道：“防守，我要在保存实力的前提下去慢慢发现机会，发现他的破绽，只要找到机会，我就有足够的信心打败他。”

“你懂得机会的重要性，这点是值得肯定的。但是，记住：寻求最佳机会的最好办法并不是防守，而是进攻！只有在不断进攻的过程中，敌人才更容易露出破绽。”

年轻人下山之后，时刻谨记师父的教诲，任何时候都不忘主动出击，去开启机会的大门。没过几年，他也成为一代名家，面对慕名而来的学习者，他把师父的教诲一直传扬下去，教出了很多武术奇才。

要知道，天下没有免费的午餐，没有主动送入狼口的羊。馅饼也不是随随便便就掉下来的，即使有，也是微乎其微，说不定它是用来砸你的。机遇不仅仅是主动撞上来的兔子，只有主动出击的猎人才更有机会得到机遇的垂青。

不要以为“人的命，天注定”，要相信人定胜天。机会不仅是偶然获得，更是勇气和智慧的结晶。

英国的培根曾说：“只有愚者才等待机会，而智者则造就机会。”不管外部的环境怎样，我们的命运应该掌握在自己的手中。我们要用自己的知识和努力去发现机会、抓住机会，不断进取，让自己获得更多成功的机会。

狼道法则

狼和其他动物的不同之处在于，它不安于现状，不追求一时的安逸，而是有更高的追求，为了生存主动出击，去给自己创造更多的机会，让自己的生存有更多的保障。只有这样，才有机会，就算找不到肥羊，至少也能找到一只兔子。

第五章

立即行动，主动复命：狼族雷厉风行的战斗作风

狼是思想家，更是行动派

狼不会将任何事物视作理所当然，它们倾向于亲身的体验和行动。狼仿佛天生便是个不折不扣的行动家，行动起来，它们才能捕获生存的食物。

狼的生存环境十分严酷，无论它遭受多少挫折，也无论每次挫折有多么严重，留给它思考的时间几乎是零，因为狼不得不马上从失败中崛起，如果一味地思索、空想或者懊恼，那么结果只能是一个：饿死！狼是思想家，但是狼从来不会因为思考而耽误行动。

在狼的世界里，时刻行动起来，就如同天空一样古老而真实，信奉这个真理的狼就能生存，违背这个真理就会死亡。在想到和得到之间，还要做到，我们想成功，除了思考之外，关键还在于行动。因此，我们在心动的同时，更重要行动。

狼的准则是你不主动生活，生活就会抛弃你。作为人类，我们更应该具有狼的这种主动精神。可惜，有许多人还

◆ 做个行动派，别当空想家 ◆

任何成功都不是理所当然的，所以要大胆尝试，先干起来，再逐步摸索改进。一味找理由、推卸责任不能改变现状，只会让人裹足不前，对结果于事无补。时刻牢记做个行动派而非空想家。

不如狼，不懂得行动胜于空谈的道理。他们总是站在荒芜的土地上，在遥远的天空中寻找着属于自己的机会，盼望着某一天一觉醒来就有美好的机会等在自家门口，自己可以一步登天。然而，机会是最公正的，它永远不会光顾那些生命中的看客。

德谟斯吞斯是古希腊的雄辩家，有人问他雄辩术的首要之点是什么。

他说："行动。"

第二点呢？

"行动。"

第三点呢？

"仍然是行动。"

人有两种能力：思维能力和行动能力。没有达到自己的目标，往往不是因为缺乏思维能力，而是因为缺乏行动能力。

在我们的一生中，总有种种的憧憬、种种的理想、种种的计划。假使能够将一切的憧憬都抓住，将一切的理想都实现，将一切的计划都执行，那在事业上的成就，不知要怎样宏大，我们的生命不知要怎样伟大。然而我们往往是有憧憬不能抓住，有理想不能实现，有计划不去执行，坐视种种憧憬、理想、计划幻灭并消逝。

有一个雅典人没有口才，可是非常勇敢。有一天开大会，许多人做了精彩的长篇演说，许诺说要办许多大事。轮到这个人发言，他站起来，憋了半天只说出一句话：

“大家说的事情……我都要做！”

要想成功，取得最佳成绩，唯一的方法，就是在事务当前，立刻动手去做。

成功开始于心态，成功要有明确的目标，这都没有错，但这只相当于给你的赛车加满了油，弄清了前进的方向和线路。要抵达目的地，还得把车开动起来，并保持足够的动力。

俄国作家冈察洛夫曾塑造过一个奥勃洛莫夫的形象：

他胸怀大志，也颇有才气，常常突然产生一个思想，像大海里的波涛似的在他头脑中起伏奔腾。随后发展成为一种企图，使他的血液沸腾，筋肉蠕动，血脉偾张。于是，企图又变成志向。他受到精神力量的刺激，一分钟内迅速地改变了两三次姿势……可是，从早上到黄昏，他只是躺在床上，整整一天什么事情也没做。

这就是俄罗斯文学画廊中著名的“多余的人”的形象。这样的空想主义者，当然不可能成为真正的成功者。想到，还要做到，这是成功者共同的行为准则。同样，心动不如行动，目标再伟大，如果不去落实，永远只能是空想。成功在于意念，更在于行动。成功者的口号是：行动，行动，再行动！

所以，要记住，“现在”就是行动的时候。

狼道法则

“要做，立刻去做。”这是人们成功的格言。要成功就要采取行动，因为只有行动才会产生结果，要成功就要知道成功的人都采取什么样的行动。

最快的判断带来最果断的行动

荒凉无际的雪原上，狼在孤独地行走着，看似漫不经心的脚步中，一双琥珀般闪亮的眼睛在不停地搜索着，一天，两天，三天……目标终于出现了，慢慢地，一步一步地靠近，突然，一个身影似离弦之箭射了出去，以绝杀之技将目标擒下。

> 六只蜜蜂和同样数目的苍蝇被装进一个玻璃瓶中，瓶子平放，瓶底朝着窗户。蜜蜂盲目地想在瓶底上找到出口，却始终难以飞走，最后导致力竭倒毙或者饿死；而苍蝇则会在不到两分钟之内，穿过另一端的瓶颈逃脱出去。

蜜蜂之所以有着和苍蝇截然不同的命运，就在于判断的不同和想法的差异。

蜜蜂以为，玻璃瓶的出口必然在光线最明亮的地方，于是它们认定这是个真理，并不停地重复着这种看似合乎逻辑却错误的行动；而苍蝇懂得用行动去寻找最正确的出路，于是，它们轻易地飞了出去。

歌德曾经说过，最可怕的莫过于无知而行动。如果你不能正确地判断一件事，那么就算采取了积极的行动，也是徒劳，只会耗费自己的力气，使自己走向失败甚至灭亡。要想开辟出一条新的道路，就要换一种思维方式，选择最正确的行为。

白兔、乌龟、青蛙、海螺、蚂蚁等一群小动物，站在一起，准备赛跑。它们的目的地是前面那座美丽的花园。

青蛙高喊了一声："跑！"大伙儿立即行动起来。青蛙边跳边喊着"加油！"白兔笑嘻嘻地冲在最前头，乌龟使劲前进，蚂蚁拼命追赶……

突然，大家发现海螺不见了。转身向后一看，只见海螺气喘吁吁地横着往另一个方向爬去。

"海螺大哥，你跑的方向错啦！"青蛙大声喊道。

"对对对，你爬错了，快向我们靠拢！"小白兔说道。

"你们才跑错了呢！"海螺不服气，"我不会向你们靠拢的，你们向我靠拢才对。"

无论大伙儿怎样呼唤，海螺依旧我行我素，横着朝它的那个方向急急爬去。

大伙儿叹了口气，只好各赶各的路。

海螺独自嘟囔道："我两眼始终正面盯着那座花园，绝对没错儿。它们不听我的，疏远我，冷落我，准是出于嫉妒。呶，这不是明摆着的吗，它们的手脚哪个有我多？"

可是，它的手脚越多，跑得越快，离目的地也就越远了。

在竞争激烈的当代社会，成功少不了积极的行动与努力，但是，值得一提的是，很多事方向比努力更重要。固执己见，一意孤行，只会让自己距离目标越来越远。

我们身边有很多勤奋的人，但并不是每个勤奋的人都能取得成功，有些辛苦工作的人始终碌碌无为；这个世界上也有很多看似成功的人，但他们却不快乐……因为这些人虽然勤奋，却走错了道路，使自己南辕北辙，导致很多努力白费；有些人虽然取得了一定的成绩，但由于选错了方向，使自己的现状与最初的梦想背道而驰。比如有的人不分昼夜地完成一项工作，却发现自己弄错了对象，有的人有着成为艺术家的潜质，却阴错阳差做起了销售，虽然取得了一定成功，但总是很遗憾的。

有些人在爬到了梯子的顶端之后，却发现梯子架错了墙。

著名出版商郝明义在他的励志著作中，曾经提到过这样一件事：

有一年他在马来西亚的一个小岛上游泳，游着游着，海底一下子变得昏暗模糊起来，他觉得越游离岸越远……他被呛了一口水，在海水中一直被冲得离岸远去。

这一瞬间，他觉得双手发软，无力继续划动，所有游泳的节奏都已打乱。

在这个生死攸关的时刻，两个信念支撑着他游了下去。一是他要选择并确定自己的方向，不能越游离岸越远。方向只要选对，再坚持游下去，就一定会得救。二是他要让自己放松，维持基本动作，保持顺畅的呼吸，不要呛到水。

游回岸边获救之后，他忽然悟出了受用一生的生存哲理：只要方向没错，一定可以达到目标。

还有另外一个故事：

美国“股神”沃伦·巴菲特之子彼得·巴菲特在19岁那年，获赠了父亲公司的一些股票。当时彼得正在斯坦福大学读书，他便将这些股票兑现，得到了9万美元。他没有像父亲一样投身商界，而是当了一名音乐制作人。10年后，彼得通过艰苦努力，取得了巨大的成功，并获得包括艾美奖在内的诸多殊荣。

有人计算过，如果他一直持有那些股票，现在的价值将超过7200万美元，远比他当今所创造的财富多。彼得的确可以什么也不做，静静等着他的股票升值，使自己变成千万富翁。但这样的结果并不是他所认为的成功，因为这不能体现他的价值，不能让他感到快乐，于是他选择了另一条路去行动，把自己的梯子，架在了体现他价值的墙上。

狼道法则

行动不是盲目的，也不是被动的，而是必须以最快的速度去判断，然后再采取准确的行动，否则只会南辕北辙。

神速出击的狼

头狼是非常睿智的，在捕猎时，如果猎物的反击能力很强，那它绝对不会与之正面交锋。在捕羊时，头狼最喜欢出其不意地向羊群发起进攻。它先是缓缓靠近，然后突然像箭一般地猛冲上去，一下子将一只羊掀翻在地。如果猎物逃跑，头狼就会用自己迅猛而持久的奔跑追击猎物，直到捕获为止。

北宋文学家苏轼曾说："来而不可失者时也，蹈而不可失者机也。"抓住时机，迅速出击，是一个人拥有精彩成功人生的必要品质，更是一个企业在激烈的竞争中生存的关键。

在谈论企业发展的时候，人们常说"大鱼吃小鱼"，可是在现代充满信息的市场竞争中，人们又转而说"快慢"而非"大小"了，"快鱼吃慢鱼"的事时有发生。

曾有这样一个事例：

美国人第一天宣布某项新发明，第二天投入生产，第三天日本人就把该项发明的产品投入了市场。加拿大将枫叶定为国旗的决议在议会通过的第三天，日本厂商赶制的枫叶小国旗及带有枫叶标志的玩具就出现在加拿大市场，行销火爆。作为“近水楼台”的加拿大厂商则坐失良机。

人们常把市场竞争中这种“不快即死”的现象形象地称为“快鱼法则”。

数字化时代是速度竞争时代。比尔·盖茨在其《未来时速》一书中描述道：“在未来的10年中，企业的变化会超过它在过去50年的总变化。如果说80年代是注重质量的年代，90年代是注重再设计的年代，那么21世纪的头10年就是注重速度的年代，是企业本身迅速改造的年代，是信息渠道改变消费者的生活方式和企业期望的年代。”

我们常说“一寸光阴一寸金”，世界上最稀缺的资源莫过于时间了。时间没有任何替代品，也没有任何弹性。速度经济就是数字经济的实质。未来的竞争是节约经营循环时间的竞争，谁先找到目标并满足顾客谁就是这场速度竞争的胜利者。速度可以在顾客心目中建立“第一”的品牌先机；速度可以领先半步创新产品和服务，从而掌握控制目标市场；速度可以最先到达顾客并建立顾客忠诚；速度可以规避和降低商业风险；速度可以威慑对手，筑起竞争壁垒而获得竞争优势。而赢得速度的关键是有效的时间管理，企业必须具有基于时间的竞争策略和基于时间的管理能力。

波士顿管理咨询公司的专家们认为，时间是决定经营绩效的重要因素，涉及开发、生产、营销和服务整个过程的时间管理是企业获取竞争优势的基础工作。

从2000年10月起，每周六上午，海尔中高级领导人都要进行互动式培训。海尔集团董事局主席兼首席执行官张瑞敏与海尔集团总裁杨绵绵都是“老师”，而“教材”则是各产品事业部在近一周内所发生的市场案例。在2002年7月举行的一次互动培训课程中，面对70多位中高层经理，张瑞敏提出互动培训的主题是“推进流程再造”，并首先出了一个很像脑筋急转弯的问题：“你们说，如何让石头在水上漂起来?”

“把石头掏空!”

有人喊，张瑞敏摇头。

“把石头放在木板上!”

张瑞敏说：“没有木板!”

“做一块假石头!”

大家哄堂大笑。

张瑞敏说：“石头是真的。”

此时，海尔集团副总裁喻子达顿悟：“是速度!”张瑞敏斩钉截铁地说：“正确!”他接着说：“《孙子兵法》上有这样一句话：‘激水之疾，至于漂石者，势也。’速度能使沉甸甸的石头漂起来。同样，在信息化时代，速度决定着企业的成败。海尔流程再造就要以更快的响应市场速度来满足全球用户的需求。”

速度决定成败！ 很多有识之士都认为，在瞬息万变的竞争环境中，不应先瞄准再射击，而是先射击后瞄准。这话听起来似乎是疯话，但也道出了一个真理：今天的企业做决策，最关键的是速度。总结海尔从发展之初到今天所取得的成功经验，其中最重要的一个因素就是“速度制胜”。

就像海尔集团计算机本部部长高以成所说的那样，企业管理从来都不缺乏理论。让理论不浮于表面，并真正领会其精髓，进而对实践工作进行科学指导，才是难能可贵的。张总的培训通过立足日常生活的事例，揭示了简单现象背后的实质，并以此为基础上升至企业管理高度，指导实际工作。

海尔进军 PC 市场的经验更加凸显了“速度制胜”这一成功法则。在激烈的 IT 竞争中，海尔电脑依靠速度生存，2005 年，正是速度帮助海尔电脑实现了飞跃，并初步奠定了在 PC 市场的地位。

狼是神速出击的高手，在长久的潜伏和准备工作之后，出其不意、攻其无备，以迅速出击抢占先机，制服对手，这是它的生存之道。速度也是狼可以跻身食物链上层的重要原因之一。在这个节奏快得让人难喘气的时代里，快就是机会，快就是效率，速度就是一切！我们应该时刻记得“我们慢，不是因为我们不快，而是因为对手更快。如果你每天落后别人半步，一年后就是一百八十三步，十年后即十万八千里”。

狼道法则

在这个快节奏的现代社会，可以认为，在任何竞争中获胜的秘诀都是“兵贵神速”。

战胜焦虑，坚定自己的行动计划

面临对手，无论是凶猛的猎豹、力大无穷的野牛和驯鹿，还是速度惊人的野兔，在需要出击时，每一只狼都会表现出惊人的果断。

一只狼正在原野上奔跑，它已经饿了两天两夜。穿越丛林时，它发现一只野兔从眼前跳过，于是狼借着丛林的掩护悄悄向野兔移去。当它忽然发起进攻时，野兔突然发现了它，以闪电般的速度向丛林前的山丘跑去。

狼可不想放弃到嘴的美食，随后追了上去。兔子身体灵活，在山丘上任意穿梭，尽量把路线跑得迂回曲折一些，以甩掉后面正在追捕的饿狼。狼碰撞到不少障碍物，但它丝毫没有松懈，始终穷追不舍。

一段时间过后，兔子的体力渐渐处于下风，最终落入狼口，成了狼的美味佳肴。

狼果断才能获得食物。果断，是指能适时地采取经过深思熟虑的决定，并且彻底地施行这一决定，在行动上没有任何不必要的踌躇和疑虑。

对人来说，行事果断，能使我们在遇到困难时，战胜多余的焦虑和担忧，坚定自己的行动计划，增添必胜的勇气和信心，最后果断地赢得成功先机。

在行动前，很多人提心吊胆，犹豫不决。在这种情况下，首先你要问自己："我害怕什么？为什么我总是这样犹豫不决，抓不住机会？"

不要为自己找借口了，诸如别人有关系、有钱，当然会成功；别人成功是因为抓住了机遇，而自己没有机遇。这些都是你维持现状的理由，其实根本原因是你根本没有什么目标，没有勇气，你是胆小鬼，你根本不敢迈出成功的第一步，只知道成功不会属于你。

当遇到事情时，多听取他人意见以资参考固然重要，但决定事情的终究还是自己，要为此事负责的也是自己。没有快刀斩乱麻的气魄，有时会错失良机。所以，一旦我们确立目标，行动就一定要果断、迅速。

如果你瞻前顾后，如果你犹豫不决，如果你不能身体力行，如果你不知道自己该做什么，那么，属于你的只有永远的失败，你就永远不可能成为一名真正的领袖。因为这些根本就不是一个领袖的品质。

那些能够迅速做出决定的人从来都不怕犯错误。不管他犯过多少错误，与那些懦夫和犹豫不决的人相比较，他仍然是一个胜者。 那些怕犯错误而裹足不前的人，那些害怕变化和风险而犹豫彷徨的人，那些站在小溪边、直到别人把他推下去才肯游泳的人，永远都无法到达胜利的彼岸，永远都无法摘取胜利的硕果。

有一位作家说：“世界上最可怜又最可恨的人，莫过于那些总是瞻前顾后、不知取舍的人，莫过于那些不敢承担风险、彷徨犹豫的人，莫过于那些无法忍受压力、犹豫不决的人，莫过于那些容易受他人影响、没有自己主见的人，莫过于那些拈轻怕重、不思进取的人，莫过于那些从未感受到自身伟大内在力量的人。 他们总是背信弃义、左右摇摆，最终自己毁坏了自己的名声，一事无成。”

如果你害怕在人多的场合讲话，一定要找机会去说，大声说。 想去找一个人的时候顾虑太多，这时候最简单也是最好的办法就是不让自己多想，现在做，立刻就做，打破自己原有的思维逻辑和习惯，走出第一步，勇气就产生了。

处理问题时，往往稍一犹豫，就会失去机会，因为你经常要面临很多竞争者。 当你犹豫不决的时候，想一想拖延可能给人生带来的经济损失，想一想将给自己带来的后果，你就会果断地做出决定了。

树立了信心，尤其遇到突发事件时，不必反反复复地思考，认定了对工作有利的做法后，就可以放心大胆地去执行，要当断则断。 相信任何公司都需要遇事精明、懂得变通的职员，而凡事都一一报告、没有一点儿主见的员工往往不受欣赏。 无论在学习、工作还是生活当中，我们都要注意培养果断办事的能力，因为果断所带来的敏捷、坚毅、勇敢是一笔不可多得的财富，它们能帮助我们把握人生的每一次良机。

对待生活中的各种新情况，我们应该像果断出击的狼一样，在第一时间做出反应，并坚持行动计划。

思想的浮华，要用行动解决

严酷的生存环境和人类的捕杀使得狼在生存过程中会遭遇很多挫折，但无论挫折有多么严重，它都会坚持下去，甚至没有什么思考的时间，就要很快地从上次的挫折中走出来。如果它做不到，而是一味思索和犹豫，那么等待狼的就只有饿死。狼是有思想的，但狼从来不会沉浸在思想的浮华里，而忘记了行动。

两个人站在一个十字路口，前面大路小路纵横交错，犹如一张理不清的网。

一个自以为很有智慧的人走到网前，很优雅地弯下腰，一点一点地慢腾腾地理着网，一边自言自语地说："我有着伟大的思想，我一定要找出一条路来。"而另外一个人走到网跟前，看了看网，就果敢地迈步向网中走去，一边走，一边理着网。

几天以后，第二个人回来了。他衣衫破烂，身上有一道一道的伤痕，但是他找到了一条适合自己走的路，在那条路上，洒着斑斑点点的血迹，他整理了一下破烂的衣衫，又出发寻找新的道路去了。

而那个所谓的很有智慧的人却依然在网前苦思冥想。

这个故事告诉我们，不管多么伟大的思想，如果不伴随着行动，也是一文不值的。就像孟子说的，志不强者智不达，言不信者行不果。一个人不能只顾空谈而不去迈开行动的步伐。

伽利略是著名的物理学家。他不仅喜欢向老师提出问题，有着打破砂锅问到底的执拗，而且很注重用行动去验证自己的想法。

在伽利略之前，古希腊的亚里士多德认为，物体下落的快慢是不一样的。它的下落速度和它的重量成正比，物体越重，下落的速度越快。

1700 多年以来，人们一直把这个学说当成不可怀疑的真理。

年轻的伽利略根据自己的经验推理，大胆地对亚里士多德的学说提出了疑问。

但他没有仅仅停留在疑问和推理上，经过深思熟虑之后，他决定亲自动手做一次实验。他选择了比萨斜塔做实验场。这一天，他带了两个大小一样但重量不等的铁球，一个重 100 磅，是实心的；另一个重 1 磅，是空心的。伽利略站在比萨斜塔上面，望着塔下。塔下面站满了前来观看的人，大家议论纷纷。有人讽刺说："这个小伙子的神经一定是有病了！亚里士多德的理论不会有错的！"实验开始了，伽利略两手各拿一个铁球，大声喊道："下面的人们，你们看清楚，铁球就要落下去了。"说完，他把两手同时张开。人们看到，两个铁球平行下落，几乎同时落到了地面上。所有的人都目瞪口呆了。伽利略的实验，揭开了自由落体运动的秘密，推翻了亚里士多德的学说。这个实验在物理学的发展史上具有划时代的重要意义。

哥白尼是波兰杰出的天文学家，他经过40年的天文观测，提出了"日心说"的理论。他认为宇宙的中心是太阳，而不是地球。地球是一个普通的行星，它在自转的同时还环绕太阳公转。

伽利略是个很有想法的人，尽管他也相信哥白尼的"日心说"，但还是决定亲自用行动来证明。

1608年6月的一天，伽利略找来一段空管子，一头嵌了一片凸面镜，另一头嵌了一片凹面镜，做成了世界上第一个小天文望远镜。实验证明，它可以把原来的物体放大3倍。伽利略没有满足，他进一步改进，又做了一个。他带着这个望远镜跑到海边，只见茫茫大海波涛翻滚，看不见一条船。可是，当他拿起望远镜往远处再看时，一条船正从远处向岸边驶来。实践证明，它可以放大8倍。伽利略不断地改进和制造着，最后，他的望远镜可以将原物放大32倍。

每天晚上，伽利略都要用自己的望远镜观看月亮。他看到了月亮上的高山、深谷，还有火山的裂痕。后来又开始观看太空，探索宇宙的奥秘。他发现，银河是由许多小星星汇集而成的。他还发现，太阳里面有黑斑，这些黑斑的位置在不断地变化。因此他断定，太阳本身也在自转。伽利略埋头观察，以无可辩驳的事实，证明地球在围着太阳转，而太阳不过是一个普通的恒星，从而证明了哥白尼学说的正确。1610年，伽利略出版了著名的《星空使者》。人们佩服地说："哥伦布发现了新大陆，伽利略发现了新宇宙。"

伽利略之所以能够成功，不仅在于他有伟大的思想，更在于他有伟大的行动。如果失去行动，就算他的想法多么正确，也难以被世人所接受。

当你还没有行动时，你也许会感到它是多么困难。可当你行动起来，你就会突然觉得原来也不过如此。行动是成功的基石，一旦去做，那么再大的困难也会克服，再大的障碍也会突破，如果只知道浮想联翩，那么就会一事无成。

东汉时，有一少年名叫陈蕃，自命不凡，一心只想干大事业。一天，其友薛勤来访，见他独居的院内杂乱不堪，便对他说："孺子何不洒扫以待宾客?"他答道："大丈夫处世，当扫天下，安事一屋?"薛勤当即反问道：

"一屋不扫，何以扫天下?"陈蕃无言以对。

陈蕃欲"扫天下"的胸怀固然不错，但错的是他没有意识到"扫天下"正是从"扫一屋"开始的，"扫天下"包含了"扫一屋"，而不"扫一屋"是断然不能实现"扫天下"的理想的。

怎样才能取得成功?

有人说，最重要的是想法，因为有很多成功人士都是由好的创意成就的，正所谓"成功始于想法"。但是，如果只有想法，没有行动，也是不可能成功的。

有人说，最重要的是要有理想，正所谓"心有多远，就能走多远"。因为理想可以指引我们行动的方向，可以不断激励我们前进。但是如果空有远大的理想，却将其束之高阁，不去努力，依然会毫无所获。

也有的人说，最重要的是方法，正所谓"工欲善其事，必先利其器"，好的方法可以起到事半功倍的效果。只要方法正确，效率就会提高。但是，有了正确的方法，却不去付诸实施，那么再好的方法也失去了它的意义。

所以，无论做什么事，最重要的都是行动！任何伟大的目标和伟大的计划，最终必然落实到行动上。如果我们对每一项应该做的事情都能付诸行动，并坚持不懈地做下去，就一定会成功。

想一想，有多少事因为我们没有马上行动反而置之脑后，最终没有完成。心动不如行动。要成功就要把希望放在明天，把计划放在今天，把行动放在现在。

狼道法则

狼是天生的行动者，而不是被动的幻想者。成功需要不断地思考，更需要持久地行动！正所谓“想到不如做到”，如果你的脑海中有无数个关于成功的设想，却从不付诸行动，那么设想再伟大你也注定要失败。要知道，思想只是起跑线，行动才能到达终点，只有行动，才能一步一个脚印走向成功，才能实现自己的理想，获得最好的结果！

第六章

以变制变，智慧生存：

狼族驾驭变化的战斗韬略

敌变我变，在变通中克敌制胜

狼若发觉对方所处的形势较有利，便会立刻放弃跟前的猎物，转而寻找其他目标。 当狼相中的猎物逃跑时，狼会随后紧追，若绝无追获可能，便会很快打消念头。

> 著名的狼学专家博比·卡耐特博士在他的专著《动物之王》中说："有时候，我会深深地感叹，狼在某些方面所具有的智慧，是人都不能与之相比的……狼群有自己的社会组织结构和组织纪律，狼群有自己的信仰，狼群有自己的生活准则和生活目标。为了自己的信仰，为了自己的生活准则和生活目标，它们愿意付出一切，甚至牺牲生命也在所不惜。但有时候，它们却会毫不犹豫地改变平时遵循的一些原则。对变与不变的把握，充分体现了狼族的生存智慧。要知道，这些智慧即使是人也很少能够完全掌握。"

应该说，狼比人类更深切地知道，世界上唯一不变的是

◆ 唯一的不变是变化 ◆

不管一开始的战术策略有多好，在任何情况下始终坚持同一策略都是错误的。人要懂得顺应局势，根据情况随时做出调整和改变。以变制变已经成为重要的商业法则。

“变”的道理。懦弱者为此惶恐，善变者为此欢欣——因为就在这变的瞬间，世界已然是它们的了。

有一则幽默故事：

一位老兄，昏睡多年，一觉醒来已是10年之后。他做的第一件事就是打电话给他的股票经纪人。经纪人告诉他：“老弟，你的A股票已涨到500万美元，B股票涨到1000万美元。”

“我发财了！”这位老兄欢呼起来。

这时，电话接线员插话说：“先生，3分钟已到，请付电话费100万美元。”

这个故事说明，一切都在变化，有时情况变化得令人不可思议，大大超出了人们的想象。

那么，我们怎样来应对周围发生的这一切变化呢？方法只有一个，就是变通。

两千多年前，老子就说过这样一句话：“天下之至柔，驰骋天下之至坚。”什么意思呢？就是说天下最柔弱的东西，可以变通穿行于最坚硬的东西之中。为什么会如此呢？因为柔弱的东西会变通，它善于改变自己。

人们常常说，计划赶不上变化。的确如此，世界在不停地变化，社会在不停地变化，我们自己也在不停地变化。“人事有代谢，往来成古今。”今天我们每个人只要回想一下10年前的自己，就不由得会感慨万千。面对世界如此巨大的变化，我们的计划能赶得上吗？难道我们真的可以像能掐会算的诸葛亮一样，把一切变化都计划在内吗？ 不，绝对不可能。

在现代生活中，形势的变化相当复杂。 想要做到积极应变，除了顺应时代的潮流之外，还应当根据对手情况的变化而变化，也就是说“敌变我变”。

“敌变我变”是我们适应形势发展，不断调整自己思想与行为的基本策略。 所谓“敌”不一定就是敌人，而是泛指对手、环境等，比如对于个人生存的环境，对于生意人的行情，对于企业、厂家的同行，等等。 因为大家都在求生存、求发展，都在想新招、出新点子。

狼道法则

时移则势易，势易则情变，情变则法不同，顺理成章。除了顺应时代的潮流之外，还应当根据对手情况的变化而变化，也就是说“敌变我变”。

柔性生存：在变化中粉碎困难

当驯鹿的数量减少时，狼就会转移捕杀目标或领域，尽量减少对驯鹿的捕杀。因为它们知道，在驯鹿数量急剧减少的情况下继续捕杀驯鹿，就很容易造成驯鹿的灭绝，以后它们就再也不能捕食到驯鹿了。

由于某些不确定的因素，自然界的某一物种会突然减少，这些因素也包括过度捕杀。驯鹿是狼群非常喜欢的食物，捕猎起来也比较容易，所以驯鹿经常是狼的“盘中餐”。但问题出现了，由于狼的过度捕杀，驯鹿的数量一天比一天少。

狼群对捕食对象的选择体现了它们灵活变化的智慧，狼的生存谋略告诉我们，事物在发展变化的过程中总会涌现大量的问题，而我们一定要学会如何在变化中粉碎困难。

提到克莱斯勒公司，人们头脑中闪现的就是克莱斯勒的强大。然而，李·艾柯卡于1979年到克莱斯勒汽车公司任 CEO 时，接手的却是一个债台高筑的烂摊子。万般无奈之下，艾柯卡只好求助于政府，希望能够得到美国政府的担保，以便从银行获得 10 亿美元贷款，用于克莱斯勒公司发展新型轿车。

这一消息传出后，在整个美国引起了轩然大波，惹出了一片斥责之声。

原来，在美国企业界有一个不成文的规矩：依靠外部力量，尤其是依靠政府的帮助来发展经济的做法，是不合乎自由竞争原则的。

面对企业界、美国政府、国会和舆论界的一片斥责反对声，艾柯卡并没有气馁，他坚信规则是死的，而人是活的，没有什么规则是不能打破的。他不急不躁，冷静地分析了当时的形势，采取了“分兵合进、各个击破”的战术，耐心扫除公共关系上的重重障碍。

首先，他援引了美国人所共知的史实，有根有据地向企业界说明：过去，洛克菲勒公司、全美五大钢铁公司和华盛顿地铁公司都曾先后取得过政府担保的银行贷款，总额高达 4097 亿美元。而克莱斯勒公司请政府出面担保仅 10 亿美元贷款的申请，却遭到非议，道理何在？

对政府，艾柯卡则不卑不亢，提出了言辞温和而骨子里却很强硬的警告。他先是替政府热心地算了一笔账：如果克莱斯勒公司现在破产，那么，将有 60 万工人失业。仅破产的第一年，政府就必须为此支付 27 亿美元的失业保险金和其他社会福利开销。然后，他彬彬有礼地向当时正为财政出现巨额赤字的美国政府发问：“您是愿意白白地支付27亿美元呢，还是愿意仅仅出面担个保，帮助克莱斯勒公司向银行借10亿美元的贷款?”

对国会议员们，艾柯卡的工作更是做得滴水不漏。他为每个国会议员开出一张详细的清单，上面列有该议员所在选区内所有同克莱斯勒公司有经济往来的代销商、供应商的名字，并附有一份如果克莱斯勒公司倒闭将在其选区内产生什么经济后果的分析报告。这样做的实质，是在暗示这些国会议员：如果是你投票反对政府为克莱斯勒公司担保贷款，那么，你所在选区内就将有若干与克莱斯勒公司有业务关系的选民因此而丢掉工作，而这些失业的选民对剥夺他们工作机会的国会议员必然反感。试问：你的议员席位还会稳固吗?

接着，艾柯卡又向舆论界大声疾呼：挽救克莱斯勒公司，正是维护美国的自由企业制度，保护市场竞争。北美只有三家大汽车公司，一旦克莱斯勒公司破产垮台，整个北美市场就将被通用和福特两家公司瓜分垄断。这样一来，美国引以为自豪的自由竞争精神岂不就荡然无存了吗?

艾柯卡这种“分兵合进、各个击破”的变通战术，最终收到了奇效：企业界反对派偃旗息鼓；国会那些原先曾激烈反对政府担保的议员也销声匿迹；舆论界也开始转变态度，从反对变为了同情，进而声援支持克莱斯勒公司申请政府担保。艾柯卡不动声色地化干戈为玉帛，争取到了社会上各个方面对他的支持，终于将他所需要的10亿美元贷款顺利拿到手。

靠着这笔来之不易的贷款，克莱斯勒公司一举开发出了数款新型轿车。

克服工作中的种种困难，首先就不要用“心灵之套”把自己套住，只要有了“变”的理念，就一定能够找到“变”的方法。

在遇到困难的时候，我们需要做的就是及时换个思路，多尝试几种方法，具有变负为正的勇气与气魄，和改变“不可能”的智慧与方法，相信困难只能成为你的一块磨砺石，而绝非挡路石。

学会变通地去应对工作中的困难，在变化中粉碎困难，我们定能做到无往不利。

以智赢得生存，以谋主宰命运

有专家称，狼是最具有智慧和策略性的“思想者”。狼的攻击，正应了“文武之道，一张一弛”，既善于急攻，又深谙偷袭迂回之道。

如果在荒野上有两只毛茸茸的手从背后搭在你肩上，请千万别回头，否则，咽喉便会和狼嘴做“深深一吻”，狼之狡猾，从中可见一斑。

有报道称，一支中国的边防小分队在荒野中与狼群遭遇，狼的疯狂进攻持续了两三个小时，迫使手持武器的人们退入一间废弃的小木屋里，这时候，狼群突然停止了进攻，那只运筹帷幄的头狼居然和部下躺在木屋前假寐起来，人们不禁长嘘了一口气，心想狼也有累了的时候，于是一个个瘫倒在地，抓紧时间休息。没想到，这时背后赫然传来阵阵牙齿啃咬木板的声音！原来，头狼居然派出了一支小分队，迂回到木屋后门，正使劲啃门呢！

今天，我们有幸揭开狼身上的谜团，并以此改变人们对这种美丽而神秘生物的恐惧。我们开始试着以美洲土著的眼光重新审视狼群，如同土著般地尊敬它们的勇气、智慧与不可思议的狩猎技巧。土著常常把狼视为英雄，用身披狼皮的方式，祈祷狼神附身，以继承狼的伟大智慧与能力。但，我们并不需要以身披兽皮的方式学到狼的智慧，只需要循着狼群的生活百态引导，就可以轻松地学到这些智慧。

职场中，一个人并非靠尔虞我诈就能成功，关键在于你的智慧。做人同样，聪慧的人永远是赢家。

越南战争期间，美国好莱坞举行过一次募捐晚会，由于当时的反战情绪比较强烈，募捐晚会以一美元的收获而收场，创下好莱坞的纪录。不过，在这次晚会上，一个叫卡塞尔的小伙子却一举成名，他是苏富比拍卖行的拍卖师，那一美元是他用智慧募集到的。

当时他让大家在晚会上选一位最漂亮的姑娘，然后由他来拍卖这位姑娘的一个吻，最后他募集到了难得的一美元。当好莱坞把这一美元寄往越南前线的时候，美国的各大报纸都进行了报道。

人们看到这一消息，无不惊叹于卡塞尔对战争的嘲讽。然而德国的某一猎头公司却发现了这位天才，他们认为卡塞尔是棵摇钱树，谁能运用他的头脑，必将财源滚滚。于是，这家公司建议日渐破落的奥格斯堡啤酒厂重金聘他为顾问。

1972年，卡塞尔移居德国，受聘于奥格斯堡啤酒厂。他果然在那里成功地开发了美容啤酒和浴用啤酒，从而使奥格斯堡啤酒厂一夜之间成为全世界销量最大的啤酒厂。

1990年，卡塞尔以德国政府顾问的身份主持拆除柏林墙，这一次，他使柏林墙的每一块砖都以收藏品的形式进入了世界上200多万个家庭和公司，创造了城墙砖售价的世界之最。

1998年，卡塞尔返回美国，他下飞机的时候，美国赌城——拉斯维加斯正上演一出拳击喜剧，泰森咬掉了霍利菲尔德的半只耳朵。出人意料的是，第二天，欧洲和美国的许多超市竟然出现了“霍氏耳朵”巧克力，其生产厂家是卡塞尔所属的特尔尼公司。这一次，卡塞尔虽因霍利菲尔德的起诉输掉了盈利额的80%，然而，他天才的商业洞察力却给他赢来年薪3000万美元的身价。

新世纪到来的那一天，卡塞尔应休斯敦大学校长曼海姆的邀请，回母校做创业方面的演讲。在这次演讲会上，一个学生当众向他提了这么一个问题：卡塞尔先生，您能在我单腿站立的时间里，把您创业的精髓告诉我吗？那位学生正准备抬起一只脚时，卡塞尔就已答复完毕：生意场上，无论买卖大小，出卖的都是智慧。

这次，他赢得的不仅是掌声，还有一个荣誉博士的头衔。

对每一个人而言，野狼会是一个很吸引人的主题。通过了解野狼的生活，学习狼群的智慧，我们也就能够更加了解自己与这个世界，更好地把狼群智慧运用到职场以及人生的旅途当中去。

狼道法则

一个缺智少谋的人生，缺少光彩，极易失败，这样的人活得就远不如狼。人生一世，唯智可以善终。

斟酌细节，随时扣动扳机

在自然界中，到处都可能存在着陷阱，随时都可能有生命的危险，一不小心，就有可能落入陷阱，或者成为敌人的食物。所以狼会注意它所看到的每一个细节，时刻观察身边的环境，任何一点儿风吹草动都逃不过狼的眼睛。

泰山不拒细壤，故能成其高；江海不择细流，故能就其深。

细节决定成败。在中国，想做大事的人很多，但愿意把小事做细的人很少；我们不缺少雄韬伟略的战略家，缺少的是精益求精的执行者；绝不缺少各类管理规章制度，缺少的是对规章条款不折不扣地执行。我们必须改变心浮气躁、浅尝辄止的毛病，提倡注重细节，把小事做细。

2008年，海尔就开始了奥运营销战略，并且首次试水成功，把中央空调安装在了体育馆。如今，奥运会的奥运场馆中已经有超过20个奥运场馆采用了海尔31大类家电。问及如何取得了如此多家场馆家电配套权的原因，海尔给出了“细节决定成败”的答案。

海尔中标“鸟巢”是体现海尔关注细节的典型例子。在仔细研究鸟巢的建筑结构图之后，海尔并没有像其他的投标厂商一样，建议以一个更大功率的主机以应对超长通风管道对于制冷效果的削弱，而是根据建筑的走向专门设计了通风管道，这一点博得了“鸟巢”工程人员的青睐，成了海尔中标“鸟巢”的主要原因之一。“鸟巢”工程采购专家团成员的韩工程师说：“海尔中央空调的工程师几乎丈量了‘鸟巢’的每一寸，然后设计出风道，这给我留下了深刻的印象，这种从实际应用出发的设计方案，再挑剔的采购者也会被他们的态度与工作精神感动。”“事实上，在承接下‘鸟巢’等奥运工程之后，很多工程单位都对海尔另眼相看。而之所以能够承接下‘鸟巢’，很大原因也是因为海尔在青岛奥帆基地和北京垒球馆的精彩表现。”

海尔中央空调本部部长杜光林说：“奥运会是全球顶级赛事，奥运场馆应该是全球最先进的体育场，奥运场馆的设备也应该是全球最好的。这是一个既简单又自然的联想。”

一次次对微小细节的斟酌和完善使海尔的产品日趋智能化和人性化，而这也帮助海尔博得了多方青睐，真正的奥运还没有到来，海尔已经饶有收获。 海尔表示，奥运文化与海尔企业文化息息相通，奥运精神“更快、更高、更强”与海尔

“不断挑战自我，勇于突破，不断创新”的文化核心一脉相承，北京奥运会绿色、科技、人文的奥运理念与海尔产品的研发方向一致。海尔整合了全球研发团队，专门开发绿色健康奥运产品，如静音冰箱、不用洗衣粉洗衣机、鲜风宝空调、防电墙热水器等，体现科技人文关怀。全球化造就了品牌经济时代，一个成功品牌为企业带来的产品溢价力和影响力的价值往往是任何有形资产所不能比拟的。奥运会就是这样给赞助商企业获得一个品牌嬗变的机遇。

每个赞助商都希望努力把自己的企业文化与奥运精神联系起来，海尔与众不同的是，它把这种结合体现在了方方面面，以至企业从上到下都与奥运精神共勉。“更高、更快、更强的奥运精神是一种不断追求、不断拼搏奋斗的精神。”海尔集团张瑞敏表示，“在海尔看来，奥运精神的本质恰恰就是处于全球化时代企业面临激烈竞争的形势所必备的精神，即企业要生存、要发展所必备的挑战自我、战胜自我的精神。就像在奥运赛场上一样，我们面对的不是对手，而是我们自己，我们要和自己竞争，就像一个跳高冠军，他战胜了所有的对手，但他最后并没有战胜自己所设定的新的高度，那也算不上创新。不断追求新的高度，追求卓越的过程，实际上是人生价值和追求的体现。”

注重细节、把小事做细是一个比较难的事。

丰田汽车社长认为其公司最为艰巨的工作不是汽车的研发和技术创新，而是生产流程中一根绳索的摆放，要不高不矮、不粗不细、不偏不歪，而且要确保每位技术工人在操作这根绳索时都要无任何偏差。

宝洁公司刚开始推出汰渍洗衣粉时，市场占有率和销售额以惊人的速度向上飙升。可是没过多久，这种强劲的增长势头就逐渐减缓了。宝洁公司的销售人员非常纳闷，虽然进行了大量的市场调查，但一直找不到销量停滞不前的原因。

于是，宝洁公司召集很多消费者开了一次产品座谈会，会上，有一位消费者说出了汰渍洗衣粉销量下滑的关键，他抱怨说：“汰渍洗衣粉的用量太大。”

宝洁的领导忙追问缘由，这位消费者说：“你看看你们的广告，倒洗衣粉要倒那么长时间，衣服确实洗得干净，但要用那么多洗衣粉，计算起来很不划算。”听完这番话，销售经理赶快把广告找来，算了一下展示产品部分中倒洗衣粉的时间，一共3秒钟，而其他品牌的洗衣粉广告中倒洗衣粉的时间仅为1.5秒。

就是在广告上这么细小的疏忽，对汰渍洗衣粉的销售和品牌形象居然造成了严重的伤害。 这是一个细节制胜的时代，对于自己的工作无论大小，都要了解得非常透彻，数据应该非常准确，事实也应该非常清楚，这样才能脚踏实地完成宏伟的目标。

无数人用亲身经历告诉我们“差之毫厘，谬以千里”，有时细节关键到足以致命。 所谓的小事情因其小而被人们忽略了，然而它却造成了大难题，常常会给人们带来大麻烦。 因此，无论做什么事情，千万不可忽视细节的存在，否则就有可能付出极其惨重的代价。 其实，细节是一种创造，也是一种征兆，从中可以看出一个人的命运去向和事情的成败。一些明智的人善于从小事情做起，从而使自己的命运得到彻底的改变。

戴维·帕卡德说：“小事成就大事，细节成就完美。”成功就是由一件又一件小事、一个又一个细节积累而成的。如果能把握住这些细节，人们就能获得成功；如果不注重细节的积累，而只想一举成功，那实在是白日做梦。

中国古人就提倡“天下大事，必作于细；天下难事，必成于易”。无论做人、做事，都要注重细节，从小事做起。

狼道法则

处事要因时而异，但同时要随时准备好战斗。任何时候，都要注重细节，等所有的准备做好了，随时行动也就成为一种必然，不会临场而乱。

第七章

危机生存，掌控环境：狼族生生不息的生存智慧

时刻警惕：树立危机意识

在生存意识的认知上，狼比人要强烈得多，因为它们面临的危机比人类要严重得多。

在阴森茂密的草原和森林深处，生存着各种各样的野生动物——猛虎、雄狮、猎豹、大象、恶狼、狐狸、兔子……它们为了生存而弱肉强食，演绎着优胜劣汰的法则，延续着大自然的平衡。同样，在竞争激烈的职场，也潜伏着各种危机，每个人为了自己的利益殚精竭虑。

缺乏危机感的动物在猛兽的利爪下瞬间被撕碎，而只有危机意识强烈的动物才能“适者生存”。职场也一样，危机意识越薄弱的人，其变革进取的意愿就越弱，创新的动力就越小，也就越容易在竞争的洪流中遭受挫败。

单从狼捕获食物的艰难程度来说，就值得我们感叹。无论是在草原、森林，还是在雪原，狼要获得食物都要经过艰苦的努力，甚至要付出生命的代价。狼知道食物的宝贵，夺走它们的食物，就是夺走它们的生命。它们保卫自己的食物就是在保卫自己的生命。

狼经常用伏击战来屠杀羊群，它们深谙此道。而狼群有时候也会成为猎人或者其他大型食肉动物的猎取目标。所以，狼也经常会遭遇这种伏击战术，狼如果没有高度的危机意识，就很容易成为敌人的食物或者死在猎人的枪下。在草原上，牧民们会在一些牲畜的尸体旁边挖一些陷阱，在里面布置狼夹。狼一旦掉进陷阱里，就会被夹断四肢甚至腰部，根本没有逃脱的机会。虽然，食物的诱惑让它们不可抗拒，但它们会保持足够的警惕性。在离牧民居住地较近的地方，它们都会格外小心，用嘴叼一些物体扔到牲畜尸体周围，看看有没有陷阱。等探明没有危险之后，它们才放心地走过去，但也并不是立刻就去撕咬食物，而是用它们嗅觉灵敏的鼻子去闻闻尸体。如果有异常的味道，它们也不会去吃，因为那有可能是牧民们在牲畜的尸体上撒了毒药。

在狼的眼里，处处充满了危机，任何疏忽大意都可能会葬送自己。职场中人也是如此，在危机四伏的职场，充足的危机意识才是生存的根本。

狼就是一种危机感很强的动物，它们时刻警惕着四周，一有风吹草动，就马上采取行动。能生存八九年的老狼，都经历了太多的生存与死亡的战斗，它们都用勇猛把自己一次次从死亡边缘拉了回来。敌人在它们身上留下了太多的伤痕，而这些伤痕也见证了它们顽强的生命力。因自然衰老而死亡的狼在狼群中所占的比例极其微小，大约只有1%~1.5%。从这个数字，我们就可以想象狼群的生存环境是多么恶劣。所以狼必须时刻保持高度的警惕性，因为危险时刻围绕在它们身边。只要稍微放松，就有可能被猎人打死或者被其他食肉动物吃掉。

有这么一个寓言故事：

从前，恐龙和蜥蜴共同生活在一个古老的地球上。

一天，蜥蜴对恐龙说："天上有颗星星越来越大，很有可能要撞到我们。"恐龙却不以为意，对蜥蜴说："该来的终究会来，难道你认为凭咱们的力量可以把这颗星星推开吗?"

一天，那颗越来越大的行星终于撞到地球上，引起了强烈的地震和火山喷发，恐龙们四处奔逃，但很快在灾难中死去。而那些蜥蜴，则钻进了自己早已挖掘好的洞穴里，躲过了灾难。

蜥蜴的聪明之处，在于它拥有强烈的危机感。它知道自己没有力量阻止灾难的发生，但却有力量去挖洞来给自己准备一个避难所。

这虽然只是一个寓言，但却给每一个职场人士都带来了很好的警示和启迪：故事中的灾难也许会在我们身边发生，假如我们拥有足够的危机意识，往往可以化险为夷。职场中，很多人都听说过这样的话，"今天工作不努力，明天努力找工作""脑袋决定钱袋，不换脑袋就换人"。如果我们自满自得、不思进取，不提前为自己的未来做好各种准备，那么，正如故事中的恐龙一样，被淘汰的命运很快就会降临到我们的身上——如果你不主动淘汰自己，最后结果就只能是被别人所淘汰。

◆ 居安思危，才能立于不败之地 ◆

我看你刚才开会时没记笔记，要不我把笔记借你看一下？

我用脑子记着呢，开展项目时再跟你借也不迟。

作为一名企业员工，时时刻刻要保持危机感和进取心。“今天工作不努力，明天努力找工作。”人如果不为自己的未来打算并提前做好危机预警，当变化来临时就会束手无策。

作为企业的一名员工，必须意识到危机的存在。企业的员工是企业的一分子，企业和员工是“一荣俱荣，一损俱损”的关系，皮之不存，毛将焉附？

每个员工都必须保持强烈的危机意识，关心企业的发展和改革，以随时应对突如其来的变化。

比别人跑得快才能占据主动

狼必须时刻保持足够的警惕，因为陷阱可能就在脚下，猎枪可能就在前方。危机永远存在，例如人类的屠杀、猎物的逃跑、各种意外或灾难，让狼跑起来。

一个农夫头一年挣了十两银子，买了一头牛，他计划第二年埋头苦干，挣一百两银子，再买十头牛，那样，他就可以搞一个小型养牛场了。第二年，他果然挣到一百两银子了，可是，牛也大幅度涨价了，一百两银子连半头牛都买不到了。

这个故事告诉我们，所谓的现状是不存在的，整个世界是在不断向前发展的。你停下来，别人仍在前进；你前进，别人比你前进得更快。要想在激烈的角逐中占据主动，就应当比别人跑得更快。

每天当太阳刚刚升起，隔夜的露珠还没有消失的情况下，羚羊、狼群、狮子，还有其他大草原的动物们就已经开始了一天的奔跑。最先跑起来的是羚羊，它们成群结队地跑过平缓的山冈，找到水源，在短暂地休息之后又开始新的奔跑。就在它们不远的地方，也许就在附近的草丛里，狼群也在奔跑，它们的奔跑是为了羚羊。当狼群开始奔跑的时候，狮子也开始了奔跑，它必须赶在狼群之前找到一日的早餐，否则，今天可能又是一个忍饥挨饿的日子。这是每天发生在大草原上的一幕，每天都在上演的奔跑比赛。没有任何外在的力量在导演这一切，它们奔跑完全是来自内心的驱使——要么生存，要么死亡。

"让自己跑起来"是自然界恒久不变的生存法则。看完上面一则简单的寓言，我们就会明白在职场上为了生存，人们也必须像大草原上的动物一样，要"让自己跑起来"。

职场是一个永不闭馆的竞技场，每天都在进行着淘汰赛。就像草原上每天都要上演的追逐赛一样，只有"让自己跑起来"才能生存，也只有跑起来的动物才能获得比同类更好的生存环境。

在当今职场上，一个人要摆脱职场上的生存危机，使自己不被优胜劣汰的自然规律所打败，就要善于寻找自己能力上的突破点，快速地突破停滞，让自己尽快成长起来，不断进步，只有这样才能让自己保持持久的竞争力。

A公司是一家中型的广告公司，设计部是两男一女的格局。平日里，三个人总是能够在繁忙的工作中，找到偷闲的机会。例如聊聊电视剧，或者是商场里最新的打折信息，就这样，三个人也过得优哉游哉。

一天，老板领着一个稚气未脱的男孩儿走进了他们的办公室，向他们介绍设计部的新同事：应届大学毕业生林。

林来到设计部上班，就像每个新人一样默默无闻、勤勤恳恳地工作着。早上，“元老”们还没到，林就开始打扫办公室。设计部有很多需要跑腿的活儿，以前设计部的人都是不情不愿地干，“三个和尚没水喝”，总是以猜拳的方式来选举谁是那个“倒霉蛋”。但是现在，不用言语，林早就揣起文件，送往了有关部门，而当林跑前跑后的时候，“元老”们按照“惯例”又将话题扯到美国占领伊拉克的热点新闻上去了。每当下班的时候，“元老”们都会迫不及待地奔出公司，而林则毫无怨言地收拾着遍地狼藉的办公室。“元老”们还打趣说，“新人都是活雷锋嘛”。

没多久，老总开会说设计部是公司的重心，要适当扩容，还要选出一个部长。涉及各自的前途，平时人浮于事的那几个老职员，渐渐地收敛了许多，都想在老总面前留个好印象，以赢得升迁的机会。然而，不久，人选张贴在了办公室外的公布栏，是林后来居上了。

林在上任致辞时说，你们都以为新人做什么都是应该的，你们错了。当今职场就是战场，升迁的机会是靠自己把握的。

判断自己是在进步，还是“明进暗退”，不能总和自己的过去或不如自己的人相比，而是应当和最优秀的人和进步最快的人相比。

在我们的周围，到处可以看到这样的人：他们只有在形势所迫时才去工作，对于自己身上的潜力无动于衷，遇到事情总是敷衍塞责，宁愿待在原地也不肯花点儿心思向上攀登，就这样敷衍了事、浑水摸鱼，过一天算一天。他们永远不懂得要比别人进步得更快的道理，他们为自己寻找各种理由和借口，无休止地纵容自己拖延和懒散的习惯，这样，他们只有在被动中眼睁睁地看着自己的“后辈”拿着硕士文凭、博士文凭意气风发地加入自己的竞争行列中，使自己心跳加速、血压升高，陷入被“取代”的恐惧之中。

假如每一个竞争对手都用9秒跑完100米，你虽然比过去加速了，但你花了10秒，你仍然是落后的一个。这就要求我们一定要比别人进步，比别人更快才能在未来的竞争中占据主动。

支配环境，不接受命运的摆布

狼群中有最上层的阿尔法狼与最底层的奥美佳狼，后者通常是雄狼，而且经常是族群中个子最小的、经常被高级别的同族所虐待的这些年轻的成员，在任何方面都被放在最后一个，特别是吃东西的时候。

一个奇怪的现象常出现在这个行为上，当末端的狼存活时，它们会变成非常严苛的动物，它们开始给予得非常少，就如同它们得到的一样。在一段时间之后，末端的狼总是在结束冒险并证明自己的生存能力之后，就会成为众所周知的"孤独之狼"，这些"孤独之狼"最终都会参与其他族群，开始经营它们自己的族群。

在狼族中，这只最为弱小、地位最低的狼总是被置于最后的位置，如果它能够存活下来，往往能成为一只优秀的狼，它最终成为头狼的概率也比较大。

因为这种顽强的生存环境使它经历了更大的磨砺，使它积累了更为完善的生存技能。人也是一样，不能甘做境遇的牺牲品，而要顽强地生存下去，成为驾驭环境的强者。

达尔文曾说过："能够生存下来的并不是那些最强壮的，也不是那些最聪明的，而是那些对变化做出快速反应的。"决定一个人的生活境况的因素，始终脱离不了适者生存、不适者被淘汰的原则。

的确，物竞天择，适者生存，只有驾驭环境，跟上时代的潮流，才不会被时代所淘汰。正是在不断地适应中，我们咀嚼了酸甜苦辣，遍尝了人间百味，饱览了人生风景，体验了成功喜悦，从而充实了人生的内涵，丰富了生命的色彩。

从狼身上，我们可以得到这样的启发：在日新月异的时代，只有学会改变自己，放开眼光与胸襟，才能够驾驭不断变换的社会环境，才能在激烈的社会竞争中立于不败之地。

现代社会是竞争的社会，人人都眼盯着机遇，要获得机遇的光顾也是很困难的。所以，在很多情况下，我们必须创造机遇，改变不利于自己发展的环境，成为驾驭环境的能手。

以下是几条在善变的环境里生存的必备法则：

1. 抛弃原有旧包袱

如果过去那一套已经行不通了，就快点丢掉吧！到新世界中去寻找你的春天。想象新的人生对你的好处：你的作为、技能将因此提升，你会更有竞争力，人际关系也会变得更好。

2. 采取行动

与其认为"这件事竟然发生在我身上"，不如换个想法："这是一个可以尝试新事物的大好机会。"即使新的方法行不通，也可再试试别的。尽量尝试所有可能的方法，总会找到解决问题的办法。

3．懂得应变

不要墨守成规，但也不要沉溺于行不通的新方法中。不断地实践，然后从错误中学习。今日的失败，往往是明日成功的契机。

4．不要轻易放弃

一时的停滞不前并不是失败，只是暂时休息、放慢脚步而已。要把它们视为另一阶段的开始，而非结束。

5．保持开放的胸襟

我们不需要将所有新的事物照单全收，但也别因为新事物与众不同，就加以拒绝。不要先给新事物任何价值判断，试试看再决定。

6．要有耐心

给新事物暖身、生效的机会。研究表明，要打破旧习惯，并养成新习惯，平均需要三个星期的时间。

狼道法则

我们随时都会面对各种变故，或遭遇失败挫折，或碰到厄运灾祸。但是，当这些不如意之事意外来临时，我们要想改变逆境，首要问题便是学会驾驭命运。

控制自身的数量，提高自身竞争力

狼为了提高自身的竞争力，在一定程度上控制着自身的数量。

控制自身的数量有多重的含义，对于企业来说，控制数量可以提升质量，而限量版成功的话，更是盈利丰厚。

其实任何物种的生存繁衍，都有一个度，而这个度的控制在一定程度上取决于环境。数量的控制，只是为了群体更好地生存，是放弃与获得的关系。没有舍哪有得？所以，放弃了一部分的数量，是为了另外一种获得。

当一股脑儿的流行风潮让大家感到厌倦的时候，每个人都开始追求独特和个性。

如今，Dior 的最新款 T 恤很容易就能买到，LV 的钱包在高级写字楼里随处可见，英国王室的最爱 Burberry 也不再是少数人的专利。这些所谓的大牌虽然售价不菲，却依然是有钱就能随时买得到的。于是此时，限量版商品变成了一种巨大的诱惑。

大品牌限量版产品的别名叫作“奢侈品中的奢侈品”，其生产原则是要把产品奢侈化到无法复制，限量到只有小部分人出高价才能拥有。或许有些人认为这种行为只是为了造噱头，但事实证明，奢侈品生产者和消费者都乐此不疲地为了限量版产品而频繁出招，每款限量版产品都会在短时间内被订购一空，消费者买到了个性，品牌提升了档次，自然是皆大欢喜之事。其实，限量版的核心价值并不在于产品，而在于它所能提供的梦想和独占性。

忠实的奢侈品买家每年都不忘玩一下限量游戏，从而尽情享受“只有我有”的骄傲心情。“限量”成了奢华和品位的代名词，也许你有时候会觉得，这逐渐渗入我们心灵的限量生活像是一个美丽的圈套，但更多的时候你会发现，它的确是一个新品位的代名词，人们最想要的是独一无二，仅仅是大牌早已不够了。

限量版珍贵在何处？事实上，限量版产品的确有比普通奢侈品更珍贵之处，它代表着稀有的数量、独特的设计和特别的纪念意义，顶尖的奢侈和极限的宠爱一样，讲究的都是精致到细枝末节的品质。一流的奢侈品牌是打造限量版的主力军，他们不定期推出限量版精品。

即使全世界发行，也会因为生产数量极其有限，导致每一个城市甚至国家只能占有少数几款。更特别的是，这些限量版大牌精品既浓缩了品牌最受欢迎的经典元素，还赋予了物品别致的设计，或是特殊的纪念意义，对于奢侈品收藏家来说更是梦寐以求。每年，世界各大品牌都会为生产限量版产品而绞尽脑汁，但从经济角度上讲，限量版产品并不能为品牌带来不菲的收益，有些品牌甚至愿意牺牲一部分经济利益而推出限量版产品，究其原因并不难发现，他们希望从限量版身上得到的，是消费者的充分认可，而不是金钱。

适当地控制自身的数量，是可以提升质量的，是为了有更好的竞争力，为了种族更好地繁衍下去。同样的道理也适用于人类，无论是人类自身还是企业，在一定的程度上，都要学会控制自身的数量。

第八章

舍弃小我，团队作战：狼族屡试不爽的群狼战术

群狼难敌——团结就是力量

在广袤的草原或者森林上，狼群会让老虎、狮子都害怕，轻易不敢惹。因为一旦咬起来，老虎、狮子们占不了便宜，相反，由于“双拳不敌四手”，可能会被狼群吸尽身上的血，吃光身上的肉。首先，头狼从正面吸引老虎的注意力，让老虎始终注意前面，然后两只狼攻击老虎的四肢，另两只攻击颈部，还有一只寻找肛门等薄弱环节。这样，凶恶强大的老虎首尾难顾，应接不暇，可能毙命。兽中之王，亦怕兽中之狼。

人类社会，还有自然界，难免会有相对弱者，弱者在强者林立的环境中如何生存呢？其中一个生存法则就是联合起来，扭成一股绳，心往一处想，劲往一处使。最终，弱者可以不惧强者，与强者平起平坐，甚至制服强者。蚂蚁在人心目中可算是微不足道的弱小生命了。而正是这微不足道的蚂蚁却可以在地球上生存上亿年，而与它同时代的恐龙却早早灭绝了。蚂蚁的生存之道其实很简单，那就是抱团。

◆ 团队协作，精诚团结 ◆

我们都是团队的一员，要时时刻刻为集体利益着想，而不能只盯着眼前利益和私人恩怨。无论个人感觉如何，都必须服从团队的安排和规划，不能影响集体。

在非洲的热带雨林当中生活着一种蚂蚁，在遭遇危险的时候会忽然聚成一个大球。蚁后在球的正中间，蚁球有时候直径有一米多。碰到山林火灾的时候，一个大蚁球从火场迅速滚到安全地带，尽管球最外侧的蚂蚁被烧得“噼啪”作响，但是仍然紧紧抱住不放。

更为神奇的是，这种“蚁球”可以自己渡过湍急的河流，有人就目睹了这一壮观的场面：一场暴雨过后，山洪暴发，一个直径一米多的蚁球从丛林中滚了出来，一头扎进汹涌的河水里，外边无数的蚂蚁纷纷被淹死，但是这个蚁球却迅速地向前翻滚。等到到达对岸的时候，蚁球只剩下大约一个足球那么大，但是整个蚂蚁部落还是幸存了下来。

单个的蚂蚁是弱小的，我们拿一个手指头就能把它摁死，但是成千上万的蚂蚁团结起来，却可以吞噬一整头大象，可以从山火中逃脱，可以渡过湍急的河流。我们拿蚂蚁的智力和人类相比，其间的差距何止万千，但是蚂蚁和狼一样懂得发挥群体的力量，人也应该懂得。一个人的力量是有限的，一旦人群团结起来，就可以移山填海，就可以飞越太空。

一位哲学家说过：“人的价值，除了具有独立完成工作的能力外，更重要的是要具有与他人共同完成工作的能力。”这种“共同完成工作的能力”就是群体力量的根源，也是推动人类发展的无尽宝藏。

人们在谈论江苏华西村的传奇故事时，讲了许多经验，一条条的，但最核心的是什么呢？就是把单个农民家庭的资金集中起来了，集中了大量的财力搞乡镇企业，现在都是国际化集团了。资金集中，人心也团结起来了。华西村的奇迹就是将分散小农团结整合创造出来的。

广东格兰仕公司保持着微波炉市场占有率连续10年全国第一、7年世界第一的纪录。

在格兰仕的生存与发展历程中，团队精神起到了至关重要的作用。1994年，南方发洪水，厂房全部被淹，那曾是格兰仕最危急的时刻。当时微波炉项目刚上马，资金都投进去了，竞争对手还冷嘲热讽。内外交困之下，没有一个人离开，大家一致要求实行两班倒，每天工作12小时，机器24小时运转。而销售部门的员工，很快就带着收回的货款回来了。有些销售代理商甚至提前打款过来。当时格兰仕可谓九死一生，是大家的精诚合作挽救了这个企业。

我们来看一个故事，从中也许能瞥见格兰仕团队精神的风采。

大学生梁杰初刚进格兰仕就被派到法国开发市场。他很幸运，一出去就逮住个客户：跟法国的一位经销商签下了一单17升系列微波炉生意。客户要求试探市场的首批1万台微波炉在圣诞节前交货，还说如果这个产品有市场，第一年要10万台，第二年增加到20万台。

梁杰初兴冲冲地带着订单回来交差。CEO梁昭贤称赞了他一番，然后说："咱们公司的产品规格是23升，他们要17升的，得赶紧研制。现在是9月下旬，离圣诞节不到3个月，你要辛苦了。"梁杰初以为自己听错了，自己是做业务的，拿了订单回来就算完事了，怎么产品研制也要自己“辛苦”？梁昭贤解释说：“海外市场刚开创，很多事情大家都是在摸索中。你看，不同的客户会有不同的要求，订单是你签下的，你最了解客户的要求，得你来跟进才行。”

此前碰都没碰过微波炉的梁杰初开始跑技术部门、生产车间，现学现卖。啃资料，和技术人员研讨……年轻的梁杰初很认真地跟进产品研发、质量控制和生产等每一个环节。由于各部门都积极配合，样机很快就做出来了。

梁杰初开心地把样机送过去，没想到人家一看，说里面好几个元器件没经过他们的认证机构认证，不行。梁杰初蒙了，这才知道有什么欧洲的GS、GE认证。他打电话回公司，声音都变了，副总裁陆荣发安慰他说：“别着急，我们想办法变通。你发个E-mail回来，我们马上去找经过认证的元器件，你也找一下，记住货比三家。”

梁杰初松了口气，当即深刻理解了团队协作的重要性。已经是11月，找元器件的过程是一场争分夺秒的拼搏战，谈价钱的时候，明明急得要命，还得摆出一副淡定的样子，那真是考验人的能力，磨炼人的意志。

经过大家齐心协力的合作，格兰仕终于以最快速度拿出了让法国客户点头的样机，并抢在圣诞节前如期交货。后来，法国客户要求增加烧烤功能，他们也迅速做到了，由此奠定了格兰仕微波炉在法国市场的地位，并在欧洲其他国家推广开来。

格兰仕在 1994 年内外交困中，如果员工逃离、老板泄气，就不可能创造微波炉行业的这一世界名牌。

现在，大家都知道了团结的重要性，那怎么样才能建立起一个团结的团队呢？ 除了“团长”要有威信，要关心团员，建立起一个协作流程和必要的奖励制度之外，一个团队要有一种核心价值观，要有一种文化在里面，要么是团队共同的奋斗目标和信仰，要么是“团长”的人格魅力和确定的荣誉原则。

总之，要有一种精神的东西在团队内贯穿着，才能凝聚人心、共历艰难；如果光靠物质，可能只是一时酒肉朋友，利益的结盟很容易散架。 所以说企业文化建设尤为重要。

狼道法则

一只狼可能只能猎捕一些羊、鹿之类的弱小动物，但是群狼却可以不惧虎狮等大型猛兽，因为它们在头狼的率领下，精诚团结，各司其职，有时可用部分牺牲，换来团体的胜利。独狼并不十分弱小，都群起应敌，何况弱小的个体呢？弱者连横，独者结盟，才是生存之道。

永远与头狼站在一起

狼为什么会具有超强的执行力？ 这是因为狼群有着优秀的头狼领导者——它有着超强的率队能力和决策能力，从而使狼群绝对服从于它。 用执行力做保证，是任何一个优秀的战略、策略部署的需要。

狼的体形相对于自然界的其他动物来说显得瘦小，其力量在动物界也并不出众，却是动物界公认的强者，这一切都源于狼的超强执行力！ 狼虽然凶悍，但却有着很强的责任心和纪律意识，狼群按照规则组成了严密的执行组织，科学分工，角色分明，内部有效的沟通、协调和协同作战的力量，产生出最大的捕食能力和威慑力，于是才有了谚语：猛虎也怕群狼！

在狼的王国里，有严格的等级制度，上到狼群的首领狼王，下至刚出生的狼崽，它们都不约而同地严格恪守这些制度，它们明白若要狼群兴旺发达，那么对纪律的遵守就是绝对的前提。

狼群每年都会因为饥饿而死亡一部分，为了避免更多的狼死亡，为了使狼群都能得到足够的食物，狼群会自觉地控制自身的数量和质量。严格的管理制度是狼群得以生存下来的保证。

所以，在这种状况下，头狼需要保持清醒的姿态，跟随其后的狼要选择生存就必须与头狼站在同一条线上，这个原理也同样适合现代社会的群体和企业的管理体制。

一个企业的领导往往决定了一个企业发展的前景以及该企业前进的速度，由此可见一个好的领导之于一个企业的重要性。对于一个企业领导者来说，做到严格管理，要具有两面性，一面是原则，一面是宽厚。在工作中以温和的态度和下属接触，在谈笑中解决问题，但是不能信奉无原则的调和主义，做一团和气的“好好先生”。

很多企业的成功都是由于领导的决策能力强、管理严格。因此，企业很多问题并不在于领导的主意不对，而在于不严格管理，大事化小、小事化了。执行力差，核心就是严格管理不够，没有认真去做，于是好主意也没有做成好事。

企业高层管理者领导力的强弱对一个企业的成功与否起着关键作用。在今天日益复杂和竞争激烈的商业环境中，获得和保持强大的领导力对企业高层管理者来说显得尤为重要。卓越领导，不仅是一项艰巨的挑战，还是一次巨大的机会，更是一种严肃的责任。与以往任何时候相比，今天的组织都更需要卓越的领导者——他们懂得不断变化着的全球环境的复杂性，智慧而敏锐，有激发他们的追随者努力追求卓越所必备的素质与能力。

企业的运转方向被战略决定着，而企业的运转速度、效率和效益，如果没有强有力地执行，只能说是纸上谈兵。企业成功的关键是能否将战略执行到位，再好的战略如果不能被转化为具体的行动，就无法带来实际效果。美国管理学者托马斯说：“一个合格的战略，如果没有有效的实施，会导致整个战略的失败。”无数成功的企业，对战略决策无一不是坚定不移地执行。

那么对于企业中的下属来说，怎么样才能让自己在稳定的岗位中谋求更大的发展呢？毫无疑问，始终与“头狼”保持在同一战线上，是最明智的选择。

首先，在公共场合要做到的就是尊重上司。尊重上司是所有组织的要求，你的上司是公司事业的核心力量，公司虽然没有森严的等级制度，但也有着最基本的上下级关系。在工作中，上下属可能会由于彼此的学识经历不同、地位身份不同而导致思考问题、处理问题时出现这样或者那样不同的方式，即使有时候你认为上司说话做事有所偏颇，这时候你更需要冷静下来，找机会慢慢把问题分析清楚，而不应一时冲动导致矛盾升级，使事态扩大。其中最重要的是作为上司，他有他自己的思维方式，他有自己的身份，他有自己的地位，要维护自己的尊严和权威，如果你当面指责，对他的想法全盘否定，让他在团队面前没有面子，更多的是产生被排挤等很多不良的后果。如果说你不尊重自己的上司，或者在公共场合冒犯上司的权威，这并不是个人主义的体现，也不是自己能力多强的变相展现，这实际上就是在和自己过不去。当你与上司相处时，必须小心谨慎，来不得半点儿疏忽。身为下属，最忌讳的就是冲撞上司、挑战权威。如果上司对你发脾气的时候，脾气发得对，你就必须承认错误，并且必须摆出虚心的态度，做出改正的承诺，而不是为自己的错误进行辩护。上司最希望看到的是你能知错认错，在以后的工作中把造成的损失弥补回来。假如他的脾气发得不当，你可以用恰当的、容易让人接受的方式给他指出并且向他把事情解释清楚，你这样与他达成谅解后还可以为他提供一些解决问题的建议。

无论在公开或私下场合，与领导讨论问题都要掌握方式、方法及时机。在讨论会上，你可以发表一些独立的见解，但一定要对上司的工作予以充分的肯定，甚至为他做一些解释。这不仅是维护上司威信和尊严的需要，也是工作的需要。任何领导都不希望自己的下属来否定自己的工作，都不想承认自己的工作能力存在问题，也不希望自己的下属在公众场合做一些让自己颜面尽失的事情。如果自己真的在某一个方面与领导的意见存在分歧，可以找个适当的时机，委婉地阐述一下自己的看法，这样上司一定会意识到自己工作中的失误并愉快地加以改正。

如果受到上司批评，最需要表现的是诚恳的态度，以及日后改进的工作方法。如果你对批评置若罔闻，而且在以后的工作中还是我行我素，这种效果比当面顶撞上司更糟糕。接受批评能体现对上司的尊重，表示你能理解上司。错误的批评可能也有其可接受的出发点，你若能处理得好，反而能变成对你有利的因素。

另外，你要在工作中学会去体谅上司，因为上司的工作顾及的面要比你多，事情考虑的方面也比你广。这就需要你换位思考，站在他的位置上去思考问题，就会更好地理解到有时上司的言行不一定是对下属的苛求，而是对于工作的极致性要求，也是对于你提升的多方面考虑。“住几楼看几楼的风景”，如果换了你是领导可能也会一样。求全责备是为人处世的大忌，你如果反驳和指责上司的话，就有可能发生不良后果。你必须明白，服从上司是天职，即使他的命令是错的，你也要先应承下来，然后找适当的机会慢慢和他沟通。

人有精英意识，追求卓越，成功就会不知不觉地追随你。在团队、企业的相处之中，要遵循永远与先进分子在一起的原则，尊重领导、体谅领导！

服从是群狼的天职

狼是纪律性极高的猎手，头领的集会号令即是军令，无论身处何地，只要听到召唤，都要尽快地循声以往，集体作战。只要头领发现目标，一声令下，狼群就会迅速执行，绝不贻误战机。工作中，比遵守纪律、服从命令更高的要求就是百分百执行。

任何一位老板都会用各种方法考查刚入职的新员工的能力，此时所需要的不是新员工井喷式的成绩涌现，也不是飞扬跋扈的个性展现，而更需要的是其不打折扣地执行老板的命令。只要是遵循这样的道路发展，你将很快得到提升。查理的故事讲明了这一切。

查理到某大公司应聘部门经理，老板提出要有一个试用期。但出乎查理意料的是上班后被安排到基层商店去站柜台，做销售代表的工作。一开始查理根本无法理解，但还是毫无怨言地坚持了三个月。后来，他认识到，自己对这个行业不熟悉，对这个公司也不是很了解，确实需要从基层工作做起，才可能全面了解公司、熟悉业务，何况自己虽然做的是销售代表的工作，但拿的仍是部门经理的工资。

尽管实际情况与自己最初的预想有非常大的差距，但是查理明白这是老板对自己的一种考验，他坚持下来了。三个月以后，他负责部门的所有工作，结合三个月最基层的工作经验，查理带领团队取得了骄人的成绩。半年后，公司经理调走了，他得以提升；一年以后，公司总裁另有任命，他被提升为总裁。在说起往事时，他颇有感慨地说："当时忍辱负重地工作，心中别提有多委屈了，但我也明白这是老板在考验我的忠诚度，于是坚持了下来，最终获得了老板的信任。"

在上任的初期，不要问公司给予了你什么，要问你为公司做了什么。只要你在工作的过程中不找任何借口、不打折扣地执行公司的命令和决议，你的付出终将会有回报。是金子总会发光的，如果在步入环境的初期，你就将自己的光芒散射出来，这样不仅仅会让你周边的同事对你的印象大打折扣，同时也很有可能因为你的过分炫耀而迷失了自己在团队中的方向。

我们工作都处于一个企业或者公司中，这就是一个大的团队。身为团队中的一员，无论自我感觉如何优秀，都要一心一意地服从团队的制度和安排。不听从指挥的员工危害企业生产力，迟早会被无法忍受的企业扫地出门。他们使老板觉得自己形同虚设，权威受到伤害，还影响公司全体成员的协调性。

哈里斯是一家合资企业的老总，他很注重员工的团队作战基本素质。有一天，他召集了几个平时表现出色的高级主管，告诉他们："我今天有一个新的改制计划，就是把几个部门的内部制度进行融合、调整、更新。在进行这项工作之前，你们几位先用一个星期的时间到外地的各大企业做一个全面的巡察，然后把你们的所见所闻给我汇报上来，10分钟后开始执行！

"这时，我回到办公室在暗中观察几位主管的动向。有几位主管在一块儿议论纷纷，说天热，这么多企业让我们如何调查啊？就是有了新的改革方案，老总也不一定按照我们的调查结果而改动原先的计划啊。看来他们犹豫不决，迟迟没有开始行动的意思，只顾抱怨。最后，有一个年轻的主管走了过来，对其他几位主管说：'哥们儿，时间不早了，咱们快点儿行动吧，反正只有一个礼拜期限，出去走一走也算长点儿见识啊！'一个礼拜过去了，他们都提交了调查报告，这位年轻的主管得到了提拔，出任市场部的经理助理。我必须挑选那些服从我的命令、把团队利益放在第一位的人。"哈里斯说。

不要认为服从是一种懦弱的表现。作为企业的一名员工，企业不喜欢什么事都不顾团队的利益按照自己的想法草率行事的员工。这样的员工即使再有能力，也会给人一种傲慢自负、不善于团结作战的印象。相反，那些虽然个人能力不是很强，但踏实工作，服从企业里的每一项制度或者安排，虚心向周围的每一位同事或者领导学习，集体荣誉永远在心中的员工更受团队的欢迎。这样的服从者，不仅让团队的劲儿往一处使，在服从中，自己也会从中学习更多经验与知识，从而得到提升。

不找任何借口，需要你百分之百、不打折扣地去执行！

全面完成任务，需要你百分之百、不打折扣地去执行！

追求卓越，创造辉煌，需要你百分之百、不打折扣地去执行！

时代在不断地向前发展，在生活的舞台上每一个人都有展现自己的机会。为什么有的人能当总统，有的人却不能？为什么有的人是有钱人，有的人却一贫如洗？为什么有的人干什么成什么，有的人却一生一事无成？像格兰特那样，把事情干到最好，你就有机会成为最成功的人。这个世界已经与你以前所认识的世界完全不同。以前，当你在浑浑噩噩的时候，别人可能正在发愤图强。然而今天，当你在奋斗的时候，别人也照样在奋斗；当你在学习的时候，别人也照样在学习。命运不再垂青那些仅仅懂得基本生存技能的人，而是垂青那些主动执行并且在工作中展现自我能力、善于完成任务的人。接受了任务，意味着做出了承诺；做出了承诺，就意味着需要不打折扣、百分百地去执行。

1. 速度第一

执行力高低的一个衡量尺度是行动的迅速与否，因为速度现在已经成为决定成败的关键因素。当然快与慢是辩证的，因为快速执行并不是要求你为了达到目标而不计后果地草率考虑事情，并不是允许任何人为了抢速度而降低工作的质量标准。迅捷源自能力，简洁来自渊博。员工的快速执行首先要建立在强大的思维能力的基础之上，在短时间里做出相应的准确判断。杰出的员工能够不断探寻业务模式和事物的因果关系，能够尝试从新的角度看问题。

2. 对工作专注用心

对工作专注用心是做好任何事情的前提条件，在执行工作任务时，应先把心思集中到如何快速、高效完成任务的思考上来。专注是一种态度，更是一种对于工作的全身心投入，当眼中、脑中只剩下目标的时候，与目的地的距离也会随之缩短。

3. 注重团队协作

你的工作往往不是孤立的，要出色完成上司交代的工作，必然要依靠团队协作。强调执行力绝不是要让你单枪匹马地闯荡，而是协同团队共同前进。组织的团队精神包括四个方面：

第一，团队中的每一个成员应该同心同德，向着同一个目标进发：组织中的员工相互欣赏、相互信任，而不是相互瞧不起、相互拆台。员工应该发现和认同别人的优点，而不是凸显自己的重要性。这是中华民族的美德，也是企业中的员工共同进步的首要原则，更是企业发展的必经之路。

第二，团队中的每一个成员应该互帮互助：不仅是在别人寻求帮助时提供力所能及的帮助，还要主动地帮助同事。反过来，我们也能够坦诚地乐于接受别人的帮助。帮助不是强大与弱小的必然代名词，而是在工作中虚心听取他人意见的表现，这也是团队沟通中所必备的手段之一。只有团队成员之间形成紧密的合作，企业才能稳步向前。每个人都在向同一个方向使劲，那么集中起来的合力才是最大的。

第三，团队中的每一个成员应该具备奉献精神：组织成员愿为组织或同事付出额外努力。任何一份工作都不是个人能力的独立体现，而是要求团队成员间相互合作，在这个过程中就需要各成员具有一定的奉献精神，为目标的最后实现暂时放下自己的个人情绪，从大局出发，争取实现共同目标。

第四，团队中的每一个成员应该具备团队自豪感：团队自豪感是每位成员的一种成就感，这种感觉集合在一起，就可以凝聚成为战无不胜的战斗力。企业中个人的成绩不是你用来自我炫耀的资本，其实，团队自豪感是对集团荣誉的一种认识。这是一种目标一致的合力，正是因为团队中的每一位成员都能向着最终目标进发，才能形成这样一种团队成员间共同存在的自豪感。

狼道法则

军队，需要士兵忠于职守，执行命令百分百，不打折扣；社会，需要公民遵守法纪，履行义务百分百，不打折扣；公司，需要员工完成任务，执行计划百分百，不打折扣！服从命令可以让我们的道路更为简洁与畅通。不打折扣地执行，需要员工在完成任务的过程中严格按照公司的既定计划行事，一步一步地做，不折不扣地做，而不是在背后另搞一套！